L'AGRICULTURE PROGRESSIVE

DANS LE LOT

→❧←

ÉTUDES AGROLOGIQUES

DES

PRINCIPAUX TERRAINS DU DÉPARTEMENT

PAR

Le Docteur Émile REY

Lauréat de la Prime d'Honneur régionale en 1881,
Président Honoraire de la Société Agricole et Industrielle du Lot,
Sénateur.

~⊷⊶⊷~

DEUXIÈME ÉDITION

Revue et augmentée,
Ornée d'une Carte Géologique du Département

CAHORS

J. GIRMA   J. BRASSAC

LIBRAIRE-ÉDITEUR   IMPRIMEUR

1908

L'AGRICULTURE PROGRESSIVE

DANS LE LOT

L'AGRICULTURE PROGRESSIVE

DANS LE LOT

➤ ❊ ⬅

ÉTUDES AGROLOGIQUES

DES

PRINCIPAUX TERRAINS DU DÉPARTEMENT

PAR

Le Docteur Emile REY

Lauréat de la Prime d'Honneur en 1881
Président Honoraire de la Société Agricole et Industrielle du Lot
Sénateur

⤝⤞ ❈ ⤜⤟

DEUXIÈME ÉDITION

Revue et augmentée
Ornée d'une Carte Géologique du Département

CAHORS

J. GIRMA   J. BRASSAC
LIBRAIRE-ÉDITEUR   IMPRIMEUR

1908

PRÉFACE
De la Première Édition

Les études agrologiques qui font l'objet de ce mémoire ont été écrites à l'occasion d'un rapport sur des analyses physico-chimiques des principaux terrains du Lot qui nous avait été demandé par le Comité Central d'études et de vigilance du Département contre le phylloxéra. Cette assemblée, dont la mission est d'indiquer aux cultivateurs les meilleurs moyens de lutter contre le terrible fléau qui ruine nos campagnes et de reconstituer le vignoble perdu, n'a rien négligé pour remplir sa tâche. Ayant constaté, dès ses premières expériences, qu'il était impossible, dans l'immense majorité des cas, d'arrêter le mal avec les remèdes connus, elle comprit qu'il valait mieux renoncer à une lutte stérile contre le mortel puceron et s'attacher, par contre, à la culture de certains plants américains dont l'observation avait fait reconnaître la résistance au phylloxéra. C'est là surtout qu'elle a vu le salut pour les vignerons du département et c'est à l'étude de cette question qu'elle s'applique depuis plusieurs années.

Malheureusement, il ne suffit pas, pour que ces nouvelles vignes puissent rendre tous les services dont elles sont capables, qu'elles résistent aux piqûres de l'insecte dévastateur ; on s'est aperçu bien vite qu'il fallait avant tout qu'elles fussent parfaitement adaptées aux conditions telluriques et climatériques au milieu desquelles on les plaçait. Qu'importe, en effet, qu'un cépage n'éprouve aucun mal du phylloxéra, s'il meurt du terrain dans lequel on le cultive ? Les plants du Nouveau-Monde sont loin de prospérer, comme les nôtres, à peu près indistinctement dans tous les sols. Ils diffèrent tellement de nos anciennes variétés et même les uns des autres ; ils occupent dans leurs pays d'origine des terrains et des climats si opposés ; ils appartiennent à des espèces si dissemblables qu'ils ont chacun des exigences et des besoins spéciaux et ne peuvent donner de bons résultats s'ils ne trouvent pas les circonstances particulières qui leur conviennent.

Il était donc indispensable de rechercher et d'établir les conditions nécessaires à la parfaite végétation de chacun de ces nouveaux cépages. Par malheur, c'est une étude qui demande beaucoup de temps et une longue expérience. Les observations faites à cet égard ne sont pas encore assez anciennes pour qu'il soit possible d'en tirer des conclusions générales. Et puis, celles qui ont été recueillies dans une région et un climat donnés ne peuvent pas toujours servir pour les autres régions et climats. Aussi règne-t-il encore beaucoup d'obscurité dans cette question. L'étude de plantations premières vient bien chaque jour élucider quelques points de ce difficile problème ; mais on marche lentement dans cette voie, alors qu'il serait si utile de se hâter pour rétablir sans retard cette précieuse source de richesse et mettre un terme à la misère croissante de nos campagnes. Il est même à craindre que l'expérience seule ne puisse jamais fournir des indications absolument sûres et mettre à l'abri d'erreurs regrettables, car il est impossible, à la simple vue, de juger la nature des terres, de manière à établir leur identité ou leur différence. De ce qu'un cépage prospérera dans certain sol, on ne pourra pas en conclure toujours, en se basant sur les seules données de l'observation, qu'il se comportera également bien dans un terrain en apparence semblable, car tous les éléments du problème ne tombent pas sous les sens. Plusieurs et des plus importants, tels que la nature des principes constitutifs, la composition du sous-sol, la perméabilité et la porosité de la couche végétale, sa profondeur, etc., réclament un examen plus approfondi.

Il y avait donc lieu de demander à la science ses lumières

pour nous aider à abréger cette période d'études et de
tâtonnements si préjudiciable aux intérêts de tous. En nous
faisant connaître dans tous leurs détails les caractères physiques et la composition chimique de nos terrains, notamment
au point de vue du calcaire, en ne nous laissant ignorer
aucune des propriétés qui concourent au travail de la végétation, elle devait nous donner les moyens de juger facilement les causes des succès ou des revers des vignes
américaines dans chacun d'eux et d'établir à l'avance ceux
dans lesquels leur culture présentait des chances de succès.
Il fut décidé, en conséquence, par le Comité que les principales terres du département seraient soumises à une analyse
physico-chimique complète afin d'arriver à la connaissance
exacte de toutes leurs propriétés en ce qui concerne la
végétation.

Mais, pour comprendre les précieuses indications qui
résultent d'un travail de cette nature et en tirer tout le parti
qu'il comporte, il est indispensable de posséder quelques
notions scientifiques, qui malheureusement font défaut à la
plupart des agriculteurs, sur la constitution et les qualités
des sols, sur les besoins des plantes et la manière dont elles
se nourrissent. Nous avons été ainsi amené à entrer sur ces
divers sujets dans des considérations générales que nous
aurions voulu rendre plus courtes, mais auxquelles nous
avons été obligé de donner un certain développement pour
ne passer sous silence aucune des connaissances qui sont
nécessaires au propriétaire en pareille matière.

Ce n'est pas tout. Ces analyses n'intéressent pas seulement la viticulture ; elles ont aussi pour l'agriculture dans
son ensemble une importance encore plus grande. En
apprenant au cultivateur les qualités ou les défauts physiques de son terrain, en lui indiquant la quantité de principes fertilisants qu'il contient, elles lui montrent ce qu'il
doit faire pour l'améliorer et en tirer de riches récoltes. Il
y avait donc un intérêt majeur à ne pas borner nôtre tâche à
la question spéciale qui l'avait inspirée et à faire bénéficier
toutes les cultures de recherches aussi utiles. Nous nous

sommes, en conséquence, efforcé de faire ressortir, bien que d'une façon sommaire, tous les enseignements qui ressortent de ces analyses, afin de faciliter aux exploitants du sol l'application des nouvelles méthodes scientifiques sans lesquelles, dans la plupart des cas, l'industrie agricole ne peut être que difficilement rémunératrice.

C'est ainsi que notre travail a pris peu à peu une étendue qu'il ne devait pas avoir tout d'abord. Nous n'avons cependant pas hésité à entrer dans tous les développements nécessaires avec l'espoir d'être utile à notre agriculture encore si imparfaite et à nos populations rurales si durement éprouvées.

INTRODUCTION

Voilà bientôt 20 ans que cet ouvrage a été écrit. Il le fut surtout, comme nous l'avons dit dans la préface de la première édition, en vue de faciliter la reconstitution de notre vignoble détruit par le phylloxéra. Organe à cette époque du Comité central d'études et de vigilance du Lot contre le phylloxéra qui se proposait d'éclairer l'obscur et difficile problème de l'adaptation des vignes américaines à nos terrains si nombreux et si variés, nous dûmes diriger nos études principalement vers ce but spécial.

Ces nouveaux plants passaient, en effet, pour ne pas réussir indifféremment dans presque tous les sols comme nos anciens cépages. Les seules espèces connues alors, le clinton, le vialla, l'york-madeira, le solonis et surtout le riparia, le plus répandu de tous à ce moment, étaient signalées comme redoutant le calcaire, les sols secs, superficiels, compacts et préférant les terrains siliceux, meubles, frais et doués d'une certaine fertilité. Il importait donc, pour éviter à nos vignerons ruinés des tâtonnements longs et coûteux et leur rendre plus facile et plus rapide la reconstitution de leurs vignobles, de leur indiquer les sols qui paraissaient les plus favorables à la végétation de ces vignes du Nouveau-Monde et présentaient le plus de chances de succès.

C'est ainsi que nous fûmes amené à rechercher non-seulement les propriétés physiques et les caractères généraux de la plupart des terres végétales de notre département, mais aussi leur composition chimique, la nature et la qualité des principaux éléments constituants ainsi que des substances fertilisantes dont elles sont formées.

Utilité de l'analyse physico-chimique de la terre arable pour toutes les cultures. — Mais ce n'est pas à la culture seule de la vigne que des études de ce genre pouvaient être utiles, elles étaient de nature à rendre des services bien plus grands encore à l'agriculture en général et principalement aux récoltes annuelles qui, par suite de leur courte et rapide évolution, doivent trouver à la portée de leurs racines et dans des conditions plus favorables, une proportion plus forte des principes nutritifs nécessaires à leur développement. On comprend, en effet, combien il est avantageux pour le cultivateur de connaître le degré de fertilité de ses champs et d'être fixé sur les conditions qui la réalisent tant au point de vue de leur constitution physique que de leur composition chimique, car il peut se rendre compte ainsi facilement de ce qu'il doit faire pour les améliorer, le cas échéant, et augmenter leurs rendements. C'est pour lui une connaissance fondamentale qui prime toutes les autres.

Tous les agronomes, anciens et modernes, sont d'accord sur ce point. Il y a 300 ans, celui que l'on appelle le père de notre agriculture, Olivier de Serres, écrivait que « le *fondement de l'agriculture est la connaissance des terroirs que nous voulons cultiver.* » A cette époque cependant cette connaissance ne pouvait être que superficielle ; elle se bornait aux caractères physiques les plus évidents des terres cultivées et néanmoins ce grand observateur en faisait ressortir l'importance capitale.

Mais, dès que la chimie permit d'établir la composition intime de la terre végétale, les auteurs proclamèrent la nécessité de procéder à son analyse élémentaire, afin de déterminer d'une manière précise les substances qu'elle contient. C'est ainsi que le Comte de Gasparin déclare dans son célèbre **Cours d'Agriculture**, tome Ier, « *qu'on ne peut parvenir à se former une idée complète d'une terre que par l'analyse chimique.* »

Plus tard, M. Grandeau, le savant chimiste agronome si connu, affirmait dans ses **Etudes Agronomiques** que « *3 ordres de connaissances sont nécessaires à l'agriculteur pour cultiver d'une manière rationnelle :*

1° Les exigences alimentaires des végétaux dont on a en vue la production ;

2° **La constitution et la composition du sol qui doit les nourrir ;**

3° Les lois de l'assimilation par les plantes des éléments chimiques que les milieux nutritifs mettent à leur disposition. »

Enfin, en ce qui concerne l'utilité de notre travail pour lequel nous nous sommes inspiré des leçons des maîtres que nous venons de citer, voici ce que nous écrivait le distingué directeur du Laboratoire des Agriculteurs de France, M. Aubin : « *J'ai lu très attentivement votre beau travail sur l'agronomie du département du Lot. Cette publication peut avoir une influence considérable sur le développement de notre agriculture nationale, en enseignant dans chaque département la méthode à suivre pour arriver à perfectionner nos moyens de culture souvent si primitifs.* »

Et M. Eugène Risler, l'éminent directeur de l'Institut agronomique, disait dans sa *Géologie agricole* que « **Les Etudes agrologiques des principaux terrains du département du Lot** du Dr E. Rey, *peuvent être présentées comme un modèle au point de vue scientifique aussi bien qu'au point de vue pratique.* »

Malgré les avantages que présente l'analyse de la terre arable pour l'ensemble de l'agriculture, nous ne pûmes traiter ce côté de la question que d'une manière rapide et sommaire, puisque ce n'était pas le but qui nous avait été assigné et nous fûmes obligé de passer sous silence un grand nombre de considérations qui auraient été de nature à faciliter le progrès agricole dans notre département si pauvre et si arriéré.

Progrès réalisés depuis 20 ans. — Mais ce que nous n'avons pu faire alors, il importe de le compléter aujourd'hui pour le plus grand bien de notre agriculture encore en souffrance. Au surplus, il n'est pas sans intérêt, après cette période de 20 ans, de rechercher non seulement les résultats qui ont été obtenus dans la reconstitution de notre vignoble, mais encore les améliorations qui ont pu être réalisées dans les autres modes d'exploitation du sol. Si, au point de vue de la vigne, nous savons que de nombreuses replantations ont été faites, que notre production vinicole a été rétablie dans une certaine mesure, nous ignorons cependant dans quelle proportion exacte cette importante source de revenus pour notre département a été recouvrée, quelle étendue occupe notre nouveau vignoble par rapport à l'ancien et l'augmentation dont il est encore susceptible, si la qualité de nos vins n'a pas subi de modifications, si de nouveaux progrès ne sont pas possibles, etc.

En ce qui concerne les autres cultures, nous ne sommes guère fixés sur les améliorations qui ont pu y être apportées grâce aux facilités que la science et le commerce offrent aujourd'hui à l'agriculteur pour augmenter la fertilité de ses terres et le rendement de ses récoltes au moyen des engrais chimiques. Il y aurait pourtant grande utilité à savoir si la production de notre sol s'est élevée, si l'aisance de nos campagnes s'est accrue, si les effets des nouvelles méthodes ont été tels qu'on le faisait prévoir et quelles espérances on peut fonder à l'avenir sur leur application et leur généralisation.

Intensité de la dépopulation du département. — A n'en juger que par la situation économique et démographique du département il n'apparaît pas que le progrès soit bien sensible. L'émigration lamentable à laquelle nous assistions, il y a 20 ans, a continué avec peut-être plus d'intensité encore. Notre population diminue tous les jours d'une manière effrayante. De 271,514 habitants qu'elle comptait en 1887 elle est tombée, en 1906, à 216,611, perdant ainsi 54.903 têtes en 20 ans, après en avoir déjà perdu 25.000 dans les 25 années précédentes.

Mais ce qu'il y a de plus grave, c'est que cette dépopulation n'est pas due seulement à l'exode des habitants ; elle provient encore et surtout de la diminution de la natalité. Depuis plusieurs années déjà le nombre des naissances est inférieur à celui des décès et cet écart tend à s'accroître de plus en plus. D'après le recensement de 1907, il y a eu 2,170 décès de plus que de naissances. C'est à un véritable suicide de notre race si vaillante et si énergique que nous marchons.

Voilà le grand mal, car c'est le capital humain qui disparaît, c'est-à-dire la première richesse d'un peuple, celle qui engendre toutes les autres, qui est le facteur le plus important de sa puissance et de sa prospérité et constitue la garantie la plus solide de sa sécurité et de son indépendance. Malheureusement ce défaut de natalité tient à des causes d'ordre moral qui ne rentrent pas dans notre sujet et que de simples améliorations matérielles ne feront pas disparaître.

Quant à l'émigration, elle n'est certes pas le signe d'une situation prospère, d'une augmentation de bien-être. Lorsqu'on abandonne son pays natal, c'est qu'on n'y trouve pas des moyens d'existence suffisants et qu'on espère rencontrer ailleurs des conditions de vie plus favorables. Il n'y a pas cependant toujours corrélation entre la pauvreté d'un pays et la diminution des naissances. C'est souvent le contraire. On voit des contrées pauvres rester prolifiques ; elles envoient leur trop-plein dans des régions plus favorisées et, plus tard, un certain nombre de ces émigrants reviennent au foyer paternel apportant un peu d'aisance, quelquefois même une certaine fortune dont le rayonnement se fait sentir autour d'eux.

La nation, les familles elles-mêmes ne souffrent pas toujours de cette émigration, elle peut être un moyen d'augmenter l'aisance tant générale que particulière. Quand elle se produit à l'intérieur, il n'y a pas de perte pour le pays ; il conserve ses habitants, ses travailleurs, ses citoyens et il a sous la main, en cas de besoin, ses défenseurs naturels. Ce n'est en somme qu'un déplacement qui se traduit même quelquefois par une augmentation de l'activité nationale. Quand c'est au dehors, vers des contrées lointaines que se dirige cet exode, il n'est pas non plus sans de certains avantages. Ces compatriotes portent dans ces régions la langue, l'esprit, les traditions de la mère-patrie ; ils y attirent ses produits et deviennent un élément de prospérité pour son commerce. Mais le dépeuplement par insuffisance de naissances, à l'époque où nous sommes, avec les facilités actuelles de communication, de transport, de production qui mettent les peuples modernes à l'abri de ces terribles famines auxquelles autrefois les populations payaient un si cruel tribut, ne peut avoir que des inconvénients pour la nation qui en est atteinte, car il la place dans des conditions d'infériorité par rapport aux nations concurrentes à développement rapide et constitue un grave danger pour son indépendance et même pour son existence.

Graves conséquences de la diminution de la population. Appauvrissement du pays. — La limitation à l'extrême de la progéniture qui s'est introduite dans nos mœurs n'est pas seulement nuisible à la Patrie, c'est aussi souvent un mauvais calcul pour les parents. On a dit avec raison que les enfants sont la fortune du pauvre. En effet, à l'exception des premières années où les charges sont lourdes mais que des lois en préparation tendent à diminuer, l'enfant, par ses salaires durant sa minorité et par l'aide qu'il apporte à ses parents quand ils sont vieux, est plutôt une cause d'aisance relative. Chez les petits et moyens cultivateurs, au contraire, à quelles déceptions n'aboutit pas le plus souvent ce désir immodéré de ne pas diviser l'héritage et de cumuler sur une tête unique le patrimoine des deux ascendants ? C'est tantôt la mort de l'unique reje-ton qui vient renverser ces projets d'avenir ; tantôt c'est sa décadence au point de vue moral, car il n'est pas rare qu'il perde en initiative, en énergie, en amour du travail plus qu'il ne gagne en fortune ; tantôt c'est la nécessité de remplacer les bras de la famille absents ou insuffi-sants par des bras mercenaires, coûteux et peu inté-ressés à la prospérité du propriétaire.

Que de familles qui étaient dans l'aisance, quand elles travaillaient elles-mêmes leur patrimoine, vont déclinant et s'appauvrissant dès qu'elles sont obligées de faire appel à la main-d'œuvre étrangère ! Que d'efforts, de privations chez le maître ne représente pas le salaire d'un domestique qui n'est pas moindre aujourd'hui de 600 fr. à 800 fr. ! Adieu les économies, le gonflement du bas de laine, les améliorations de la propriété. Désor-mais on ne travaillera plus que pour le domestique ; c'est lui qui absorbera le plus clair du revenu et parfois même une partie du capital, quand la grêle, la gelée, la sécheresse auront anéanti les récoltes et, au lieu de marcher vers l'augmentation de la fortune, comme on l'avait espéré, c'est vers la pauvreté que l'on rétrograde chaque jour.

Aussi notre département s'appauvrit-il de plus en plus non seulement en hommes, mais encore en argent. La valeur de la terre a diminué dans une proportion consi-dérable et sur certains points elle ne trouve plus d'ache-teurs, même à des prix dérisoires. Le vide se fait chaque jour plus grand dans nos campagnes ; beaucoup de terres sont laissées en friche et des villages entiers sont abandonnés, n'offrant que le spectacle attristant de maisons en ruines et de champs déserts et mornes, là où régnaient autrefois le mouvement et la vie. La terre, comme toute marchandise, obéit à la loi de l'offre et de la demande ; sa valeur dépend du nombre de ceux qui la cultivent, et avec chaque paysan qui quitte son village disparaît un lambeau de la richesse foncière de la France.

L'augmentation de la production est restée inférieure à celle des besoins. — Mais, en dehors des causes morales que nous venons de signaler, cette diminution de notre population ne tient-elle pas aussi à l'appauvrissement du sol et à l'insuffisance de sa production ? Ne peut-elle pas provenir dans une large mesure du besoin croissant de bien-être qui fait qu'on ne se contente pas, comme autrefois, des conditions misérables d'existence qu'on était obligé de subir. Le paysan ne se résigne plus à se nourrir de pain de seigle, de maïs ou de pommes de terre, à ne manger jamais de viande de boucherie, à se couvrir de mauvais vêtements, à marcher pieds nus ; il veut jouir de la vie et, comme il en résulte un accroissement notable des dépenses, l'accroissement des revenus n'a sans doute pas suivi une marche parallèle et il peut y avoir, ainsi qu'il y a 20 ou 30 ans, le même écart entre les besoins et les moyens de les satisfaire, par conséquent la même misère et par suite le même désir de s'y soustraire par l'émigration et la réduction des naissances.

Il importe donc de rechercher quel est l'état actuel de la production de notre sol, si elle a augmenté et dans quelle mesure. En ce qui concerne la vigne il n'y a pas de doute ; là, le progrès est évident, incontestable. En 1888, notre vignoble qui avait atteint, une dizaine d'années auparavant, une superficie de 65.000 hectares et produisait 600.000 hectolitres valant de 15 à 20 millions, était tombé à 16.000 hectares dont la plupart décimés par le phylloxera ne donnaient qu'un rendement dérisoire ; il ne rapportait plus que 3.200.000 francs de revenu. Aujourd'hui le vignoble reconstitué occupe une surface de 24.500 hectares et sa production moyenne s'élève à 300.000 hectolitres, la moitié de celle constatée avant l'invasion phylloxérique. Malheureusement les prix ont baissé dans une proportion considérable ; l'hectolitre ne se vend plus que 15 à 20 francs, alors qu'il y a 20 ans il valait 40 à 45 francs, après avoir atteint par moments 50 à 60 francs, en sorte que les récoltes actuelles n'ont qu'une valeur moyenne de 5.200.000 francs au lieu de 12 à 13 millions par laquelle elles se seraient chiffrées, si cette baisse ne s'était pas produite. C'est néanmoins une augmentation de ressources de 2.000.000 francs environ. Mais rapporté à la population totale cet accroissement de revenu ne ressort qu'à 10 francs par tête ou à 20 francs au maximum, si on ne fait entrer en ligne de compte que la moitié du département qui, seule, cultive la vigne, accroissement bien insuffisant pour faire face aux besoins nouveaux qui ont surgi, s'il n'est pas accompagné d'une élévation analogue dans les autres produits du sol.

Voyons donc comment se sont comportées les autres cultures et en particulier celle du blé, la plus importante de toutes, dans cet intervalle de 20 années et quel est leur rapport présent.

En 1888 nous avons constaté que la production du blé dans le département était de 650.000 hectolitres pour 75.000 hectares ensemencés, faisant ressortir à 8^{hl},6 la récolte d'un hectare. Or, d'après la moyenne des cinq dernières années, le rendement actuel ne paraît pas être supérieur à 9^{hl},6. Le gain ne serait donc que de 1 hectolitre environ par hectare ; mais, comme on compte aujourd'hui 79.500 hectares de blé au lieu de 75.000, la production totale se trouve être de 763.000 hectolitres, soit 113.000 hectolitres de plus qu'il y a vingt ans. A 17 francs l'hectolitre ce serait un accroissement de revenu de 1.921.000 francs, soit 9 fr. 40 par habitant, somme bien insuffisante pour combler le déficit que présente encore notre production de froment, déficit qui n'est pas moindre de 146.000 hectolitres.

Nous devons faire remarquer que les statistiques donnant seulement des chiffres approximatifs chaque fois qu'elles sont établies, non sur des pesées et des mesures exactes, mais sur des appréciations personnelles ou collectives, et c'est le cas pour les résultats que nous venons de citer, nous avons adopté les rendements les plus élevés ; aussi croyons-nous être plutôt au dessus qu'au dessous de la réalité dans nos estimations.

En ce qui concerne les autres céréales la situation est à peu près la même. On aurait plutôt perdu du côté du seigle dont la culture tend à diminuer par suite de l'emploi des phosphates et de la chaux, qui permet de remplacer cette céréale par le froment ; c'est ce qui explique du reste en partie l'augmentation de la production en blé.

Aucune amélioration nonplus à constater du côté des autres récoltes et notamment des récoltes sarclées. Les étés devenant de plus en plus secs, ces cultures souffrent davantage du manque d'humidité non-seulement par cette cause, mais encore par ce qu'on a recours de moins en moins aux défoncements d'hiver qui avaient pour résultat, en approfondissant la couche arable, de permettre aux racines d'aller chercher dans le sous-sol l'eau dont la plante a un si grand besoin. Aussi, dans ces dernières années, est-il arrivé plusieurs fois que le département n'a pu récolter ni le maïs ni surtout les pommes de terre qui lui étaient nécessaires pour sa consommation, et l'on s'est vu dans l'obligation d'acheter pour des sommes importantes ce précieux tubercule dont il ne restait même pas la semence.

Nous trouvons un exemple frappant de ce *statu quo* dans la culture du tabac qui peut être considérée comme le type des cultures sarclées et à laquelle cependant on prodigue plus de soins qu'aux autres. Ici nous avons, pour nous fixer, non des chiffres arbitraires mais des chiffres précis, réels, car, on le sait, l'Administration, qui est le seul acheteur de la récolte, pèse exactement les quantités produites. Or, depuis 20 ans son rendement est resté à peu près le même, bien que, par suite de l'introduction dans notre pays des engrais commerciaux, il eût été facile de suppléer à l'insuffisance de fumier qui est presque générale et d'augmenter ainsi la fertilité du sol. Le produit moyen à l'hectare oscille depuis lors autour de 1100 kilogrammes.

D'autre part, les prairies artificielles, quoiqu'occupant une surface plus grande, donnent moins qu'au début, car ces plantes, surtout la grande luzerne, épuisant les couches profondes, ne peuvent revenir sur le même terrain qu'à de longues distances et n'atteignent que rarement, même dans ces conditions, la production primitive. Quant aux prés naturels, ils ne sont ni mieux soignés ni sensiblement plus étendus, et la production est restée à peu près la même.

La récolte des noix, si précieuse et si rémunératrice, tend plutôt à diminuer qu'à augmenter, car on ne plante plus que très peu de noyers, tandis que de grandes quantités sont arrachées chaque jour.

La culture du prunier d'Agen a une légère tendance à s'étendre, mais c'est à peine si les nouvelles plantations suffisent à remplacer les arbres vieillis et usés et, comme les cours des pruneaux vont en baissant, il n'en résulte aucune ressource nouvelle.

Il n'en est pas de même heureusement du côté de la truffe. Les plantations de chênes truffiers se multiplient sur tous les points favorables et l'on peut enregistrer, dès à présent, une augmentation de revenu de 500.000 fr. environ qui certainement atteindra dans l'avenir un chiffre bien plus élevé.

Enfin, si nous considérons le bétail, nous ne trouvons qu'un gain à peine sensible. La population bovine a pu progresser quelque peu, mais, par contre, le nombre de bêtes à laine tend à descendre pour diverses causes, mais surtout par suite de la diminution du nombre

2

des enfants et du manque de bergers. Quant à la production chevaline, elle reste stationnaire et les prix, dans l'ensemble, n'ont pas de tendance à s'améliorer.

Ainsi la production agricole du département n'a augmenté depuis 20 ans que de 2.000.000 fr. sur la vigne, 1.921.000 fr. sur le blé et 500.000 fr. sur la truffe, soit au total de 4.421.000 fr. Si la population était restée la même qu'au commencement de cette période, c'est-à-dire au chiffre de 271.514 habitants, cela ferait une augmentation de revenu par tête de 15 fr. 90 ; mais, comme elle est tombée au chiffre de 216,111 habitants, cet accroissement de ressources ressort à 29 fr. par habitant. Ce n'est certes pas avec une aussi faible amélioration de notre situation économique que l'abandon de nos campagnes pouvait s'arrêter, car elle est bien inférieure à l'augmentation des besoins. Elle est loin de compenser, du reste, la perte faite sur le vignoble qu'on peut évaluer encore à une dizaine de millions.

Mais il y a une autre conclusion à tirer de cette étude, c'est qu'on aurait tort de compter sur une réduction de la population pour arriver à l'amélioration du sort de la population restante. L'homme n'est pas seulement un consommateur et la disparition des uns ne suffit pas pour augmenter la richesse des autres ; il est aussi un producteur et, dans la balance, c'est la production qui l'emporte. Par conséquent, dans de certaines limites et toutes circonstances égales d'ailleurs, plus il y a d'hommes qui travaillent plus il y a de richesse créée et c'est un malheur pour la collectivité, sinon toujours pour la famille, que le nombre de ses membres aille en diminuant.

Il est donc à craindre que nous tournions dans un cercle vicieux. Nous cherchons à être de moins en moins nombreux pour être plus riches et la richesse ne s'accroît que là où augmente le nombre des individus, car la richesse ne se produit pas spontanément ; elle n'est et ne peut être que le résultat du travail humain.

Or, ce travail peut devenir aujourd'hui beaucoup plus

productif, plus fécond que par le passé, grâce au concours puissant que lui fournissent la science, l'industrie, le commerce. Il peut retirer de la terre des rendements bien supérieurs aux anciens et créer l'abondance où régnait la disette.

Certes, notre vieux sol quercynois n'a jamais été des plus fertiles, sauf de rares exceptions, et il n'a pu que s'épuiser par suite des nombreuses générations qu'il a nourries ; mais il n'est pas irrémédiablement condamné à la stérilité et à la misère. Nous croyons, au contraire, que par l'utilisation des merveilleuses conquêtes de la science, par l'application des nouvelles méthodes qu'elle a suggérées, par l'emploi des instruments et machines perfectionnés, notre pays peut accroître sa production dans une proportion importante et entretenir une population aussi nombreuse que par le passé dans des conditions de bien-être inconnues jusqu'ici.

La terre ne devient stérile et ne refuse ses produits que si l'on enfreint les lois naturelles ; qu'on se pénètre bien de ces lois pour leur obéir et la situation changera complètement. Mais il faut renoncer à la routine, à l'agriculture épuisante qu'imposaient à nos pères leur ignorance et le manque des engrais puissants qui nous sont fournis aujourd'hui par l'industrie ; il faut entrer hardiment dans les voies fécondes que nous ouvrent tous les jours les découvertes modernes.

Les conditions actuelles de l'agriculture sont meilleures qu'autrefois. — Malgré les difficultés que créent aux agriculteurs d'une part la diminution de la population et, par suite, la rareté et la cherté de la main d'œuvre, d'autre part la baisse considérable de la plupart de leurs produits ; malgré les plaintes qui s'élèvent de tous côtés sur la crise persistante que traverse l'agriculture et le malheureux sort de celui qui n'a d'autres ressources que le revenu de sa terre, nous estimons que la situation est beaucoup moins mauvaise qu'il y a 40 ou 50 ans et qu'elle a une tendance à s'améliorer encore.

On manque de bras, il est vrai, et ils sont plus chers ; mais on a la possibilité de les remplacer par des instruments et des machines qui n'existaient pas à cette époque et permettent de faire le travail à meilleur marché et avec moins de peine. Les grands travaux agricoles, les plus pénibles et les plus coûteux, tels que le fauchage, la moisson, le battage s'exécutent aujourd'hui facilement et avec rapidité au moyen de machines d'un maniement simple et à la portée des cultivateurs.

Les labours, les défoncements, les binages, les sarclages ont été aussi rendus plus faciles, plus expéditifs, plus parfaits par l'invention ou le perfectionnement d'instruments appropriés.

Autre avantage appréciable, non-seulement au point de vue économique, mais aussi au point de vue social : les possesseurs de la grande et de la moyenne propriété qui étaient condamnés à l'inaction et à l'oisivité à cause de la dureté des travaux agricoles, peuvent prendre part aujourd'hui à beaucoup d'entr'eux grâce à ces agents mécaniques qui demandent plus d'intelligence que de force, plus d'habileté que de fatigue. Cette heureuse participation ne manquera même pas de s'étendre par suite de l'amélioration progressive de l'outillage et de l'application future aux travaux des champs des moteurs nouveaux et surtout de l'électricité.

Les principales productions du sol telles que les céréales, le vin, les racines, les plantes textiles, etc. se vendent moins cher, c'est incontestable ; mais, par contre, les engrais commerciaux fournissent les moyens d'en augmenter les rendements de manière à en retirer un bénéfice plus élevé qu'autrefois.

Beaucoup de produits secondaires et en particulier ceux de la basse-cour, du jardin, du verger ne trouvaient pas d'écoulement faute de moyens de transport faciles et économiques. Aujourd'hui chemins, routes et voies ferrées sillonnent dans tous les sens le territoire et mettent les plus petits villages en communication avec les grands centres de consommation.

Il y a quelques années à peine, l'agriculteur était livré sans défense au terrible aléa qui pèse sur lui et le prive de toute sécurité, par suite des fléaux sans nombre auxquels il est exposé : grêle, gelée, mortalité du bétail, etc. A présent, grâce aux assurances mutuelles, moyennant un faible sacrifice, il peut se mettre à l'abri des pertes ruineuses qu'il subissait et envisager l'avenir avec plus de confiance. Il trouvera plus d'avantages encore dans l'association en vue de l'achat de ses matières premières ainsi que pour la fabrication et la vente de ses marchandises, car il tirera un bien meilleur parti de ses produits.

Dans le passé, l'homme des champs ne trouvait que très difficilement et à des conditions très onéreuses les fonds nécessaires à l'amélioration de sa propriété. Aujourd'hui, il lui est très aisé de se procurer les avances dont il a besoin, en s'adressant aux caisses rurales de crédit mutuel, et d'augmenter ainsi ses revenus.

Pendant de longues années l'intérêt de l'argent s'est maintenu à 5 pour cent, tandisque la rente du sol atteignait à peine 3 %. Quel encouragement alors à vendre la terre et à la transformer en valeurs mobilières ! Or, depuis 25 à 30 ans l'intérêt de l'argent diminue sans cesse ; il est descendu au taux de la propriété foncière. Il y a donc moins de profit aujourd'hui que par le passé à la convertir en numéraire et le temps n'est peut-être pas très éloigné où la situation sera renversée et où le capital foncier rapportera plus que le capital mobilier.

Enfin, il n'est pas jusqu'à la baisse considérable qu'a subie la propriété rurale qui ne présente à certains égards des avantages importants. Elle met la terre à la portée d'un plus grand nombre de travailleurs et leur facilite l'accession à la propriété, ce qui, au point de vue social, est d'un prix inestimable. Ils peuvent aujourd'hui dans beaucoup de régions, moyennant une modeste somme, acquérir un bien suffisant pour les faire vivre eux et leurs familles. Et si les anciens propriétaires du sol se trouvent, par suite de cette baisse, perdre une partie de leur fortune, les nouveaux acquéreurs, ayant pour un prix souvent moitié moindre une surface égale, voient leur charge réduite d'autant sur le capital foncier engagé et peuvent consacrer à des améliorations l'économie réalisée sur le prix d'achat.

En présence de toutes ces circonstances favorables, on peut se demander comment il se fait que l'agriculture continue néanmoins à être abandonnée et que le retour à la terre annoncé par certains et si désirable à tant de points de vue ne se produise pas. Les courants une fois créés ne s'arrêtent pas subitement et celui qui s'est établi vers les villes et les centres industriels obéit encore en quelque sorte à la vitesse acquise. Il ne faut pas perdre de vue, du reste, que les conditions de la vie urbaine et industrielle se sont également améliorées et que beaucoup de ruraux pensent encore qu'elles sont supérieures à celles qu'offre l'agriculture. Mais il est à supposer que, sous l'influence de l'encombrement des grands centres et de la surproduction industrielle, ces conditions deviendront de moins en moins avantageuses, tandis qu'elles continueront à s'améliorer du côté agricole. Il arrivera alors un moment où nos populations comprendront qu'elles ont plus d'intérêt à rester à la campagne et celles qui l'ont quittée à y revenir, après avoir fait la triste expérience des inconvénients de la vie urbaine au point de vue de la santé, des mœurs, de la cherté de la vie et même de l'incertitude du lendemain, toutes les fois du moins qu'elles n'auront pas trouvé une situation assurée, telle que celle qui résulte des emplois de l'Etat ou des grandes administrations, du commerce et de l'industrie.

Révolution opérée par les découvertes scientifiques. Ses avantages. — Nous ne saurions trop le répéter. Les découvertes scientifiques ont opéré en agriculture une véritable révolution dont on ne connaît pas assez les avantages. On ignore trop encore dans le monde agricole qu'il est facile aujourd'hui de doubler, de tripler les rendements des récoltes et par conséquent d'augmenter dans une forte proportion ses revenus. L'agriculture, telle qu'elle a été pratiquée jusqu'ici, conduisait fatalement à la stérilité du sol et par suite à à l'appauvrissement des populations qui vivent d'elle. L'agriculture nouvelle, au contraire, tend à augmenter progressivement la fertilité de la couche arable et avec elle le bien-être des campagnes. D'après les anciennes méthodes on prenait à la terre par les récoltes qu'on lui demandait plus qu'on ne lui rendait par le fumier, et il n'était pas étonnant dès lors qu'elle perdît peu à peu sa fécondité première et rapportât de moins en moins. A force de tirer de la mouture d'un sac sans y en remettre jamais on finit par le vider. C'est ce qui passe pour la plupart de nos champs. Ce n'est que dans des circonstances très rares, là seulement où par l'irrigation, le colmatage, l'emploi de certains produits de la mer, l'utilisation des résidus des villes et de l'industrie, on restituait à la terre les éléments fertilisants enlevés par l'exportation des récoltes et du bétail que l'on pouvait éviter ce déplorable résultat, cette progressive stérilisation.

Mais dans toutes les autres conditions, partout où l'on ne dispose que du fumier produit par la ferme, il n'est pas possible de maintenir longtemps et surtout d'augmenter d'une manière durable la productivité du sol, car le fumier ne rapporte à la terre qu'une partie des éléments qu'on lui a pris. On peut bien, pendant un certain nombre d'années, arriver à accroître les rendements par de meilleures méthodes de culture, par la création de prairies naturelles ou artificielles, l'augmentation du bétail et des fumures, ou bien en labourant plus profondément de manière à mettre à la portée des racines des principes fertilisants qui restaient sans emploi dans le sous-sol. Mais, tant qu'on n'importera pas du dehors des substances nutritives en suffisante quantité pour opérer tout au moins la restitution de celles qui ont été perdues, cet accroissement de récoltes ne sera que provisoire, car il ne proviendra pas d'un enrichissement réel de l'ensemble du domaine. *On aura simplement effectué entre les différentes parties de l'exploitation une répartition plus égale des matériaux fertilisants contenus dans le sol.* On aura enrichi les champs pauvres avec le fumier produit par les terres riches transformées en prairies naturelles ou artificielles, ou bien avec la litière provenant des bois, landes et bruyères. On aura exploité les richesses inutilisées du sous-sol des terres profondes au moyen des longues racines des légumineuses qui les auront ramenées à la surface par leurs débris ou incorporées dans les fourrages, source du fumier futur. Mais, tous comptes faits, par suite de l'exportation des grains et du bétail ainsi que des pertes inévitables de fumier qui ne sont pas moindres de 20 à 30 pour cent, l'ensemble du domaine se sera appauvri d'une partie de ses éléments de fertilité et, au bout d'un certain laps de temps, cet appauvrissement sera assez sensible pour se traduire par une diminution des rendements.

Nous devons toutefois faire remarquer que cette perte ne porte fatalement que sur les principes minéraux : acide phosphorique, potasse, chaux, magnésie, etc., que les plantes trouvent seulement dans le sol, tandis qu'il est possible, par une culture intelligente et rationnelle, d'arriver non-seulement à la restitution complète, mais encore à une augmentation des substances que la plante puise dans l'eau et l'atmosphère : carbone, hydrogène, oxygène et azote, c'est-à-dire de celles qui forment l'humus dont le rôle est si considérable dans la végétation.

C'est donc uniquement pour les aliments minéraux que nous venons de citer qu'il est indispensable de recourir à l'importation et, comme ils n'entrent que dans la proportion de 3 à 4 pour cent dans la composition des récoltes, on voit à quel chiffre minime se réduit cette importation. C'est le seul moyen cependant d'élever la production d'une manière sûre et permanente et par suite la richesse générale. Aussi pourrait-on juger à priori la prospérité agricole d'un pays d'après la consommation qu'elle fait d'engrais commerciaux. Or, dans notre département, malgré la création de plusieurs syndicats destinés à fournir aux cultivateurs leurs matières premières au meilleur marché possible, cette consommation de principes fertilisants est encore très faible et à peine suffisante pour combler les pertes normales de la culture.

Dans ces conditions il n'est pas étonnant que notre production agricole demeure en quelque sorte stationnaire. Notre agriculture n'augmentera ses récoltes et ses produits, notre pays ne s'enrichira qu'en recourant largement à l'achat d'engrais chimiques ou commerciaux. Mais leur emploi doit se faire d'une manière intelligente et judicieuse pour produire tous ses bons résultats ; il exige notamment certaines connaissances que ne possède pas en général le cultivateur. C'est pour leur procurer ces connaissances que nos *Etudes Agrologiques* ont été écrites. Nous serions heureux qu'elles eussent ce résultat et qu'elles pussent ainsi contribuer à améliorer le sort de nos populations, à les retenir sous le toit paternel et à mettre un terme à ce dépeuplement de nos campagnes qui est si pernicieux pour l'avenir non-seulement de notre département mais de la France entière.

Par suite de l'extension qu'a prise notre travail, nous avons cru devoir en modifier le titre, car son but principal n'est plus exclusivement de faire connaître les résultats de l'analyse de nos principaux terrains en vue de l'adaptation des vignes américaines, mais d'indiquer les moyens d'améliorer notre agriculture dans toutes ses branches, de manière à la rendre plus rémunératrice et plus prospère. Aussi désignerons-nous cet ouvrage sous le nom de **L'Agriculture progressive dans le Lot** avec le sous-titre : *Etudes agrologiques des principaux terrains du département.*

ÉTUDES

AGROLOGIQUES

DES PRINCIPAUX TERRAINS

DU

DÉPARTEMENT DU LOT

LIVRE PREMIER

Considérations générales sur la terre végétale

La terre est le laboratoire où se prépare dans le
mystère la partie si non la plus importante du
moins la plus précieuse des aliments des plantes.
C'est elle qui, avec le concours de l'air, leur fournit
tous les matériaux nécessaires à leur existence et
à leur développement. Elle est à la fois *l'usine* et
la *matière première de l'agriculteur*. Il faut donc que,
à l'imitation de l'industriel dont la principale préoccupation est de n'ignorer aucune des notions relati-
ves à son usine et aux substances qu'il y met en
œuvre, l'agriculteur s'applique à connaitre dans
tous ses détails le terrain sur lequel il opère, de
façon à se rendre compte, d'un côté, de ses qualités
ou de ses défauts physiques et, de l'autre, des principes fertilisants qu'il contient. Ce n'est que par ce
moyen qu'il apprendra d'une manière sûre et raison-

née les améliorations qu'il doit apporter à son *usine* ou les *matières premières* dont il doit l'enrichir pour en élever les produits au maximum et augmenter ses bénéfices.

Malheureusement, les propriétés du sol sont si diverses et si obscures, sa composition est si variable et si complexe, les phénomènes dont il est le siège sont si mystérieux qu'il a été impossible jusqu'à ces derniers temps d'arriver à une notion tant soit peu exacte de la terre végétale.

Mais, grâce aux progrès incessants de toutes les sciences physiques, chimiques et naturelles, il est permis aujourd'hui de porter un peu de lumière dans cette partie de nos connaissances restée si réfractaire au mouvement d'amélioration et de perfectionnement qui s'est produit dans les autres branches de l'activité humaine.

Pour atteindre ce but si désirable, il convient de distinguer dans la terre arable ce que nous appellerons **l'usine végétale** qui est constituée par le sol proprement dit et les **matières premières des récoltes** qui sont représentées par les principes minéraux dont se nourrissent les plantes. Cette simple distinction rendra cette étude plus claire, plus facile et permettra au cultivateur de mieux saisir les caractères bons ou mauvais de son champ et de voir sur quels points il est nécessaire qu'il porte ses efforts s'il veut l'améliorer et en augmenter la fertilité.

Conditions d'une terre parfaite

Etablissons d'abord les conditions que doit remplir la terre arable considérée comme *usine végétale* pour être le plus favorable possible à la végétation.

I. — En premier lieu, il faut que le sol fournisse à la plante des moyens de sustentation suffisants. Cette condition se réalise presque toujours pour les arbres et les végétaux vivaces qui ont le temps de s'implanter profondément et peuvent ainsi résister à l'action du vent, quelque léger que soit le terrain. Mais il n'en est pas de même quand il s'agit des plantes annuelles à racines traçantes et superficielles. Il est alors indispensable que le sol possède une certaine consistance pour ne pas se laisser enlever par les ouragans, comme cela arrive parfois avec le sable des dunes ou de certains déserts.

II. — Ensuite, il est nécessaire que la plante trouve à tout instant dans la terre l'humidité dont elle a besoin pour son alimentation et pour faire face à l'abondante transpiration de ses feuilles. Mais il ne faut pas que cette humidité soit abondante au point de remplir complètement les vides du sol, de remonter à la surface et de le noyer, car l'air se trouverait chassé, les réactions chimiques si utiles auxquelles il donne lieu deviendraient impossibles, les fonctions des racines seraient arrêtées et leur décomposition ne tarderait pas à se produire.

III. — Enfin, il faut que les racines puissent traverser facilement le sol en tout temps et dans tous les sens afin de pouvoir se développer à leur aise et aller à la recherche des principes nutritifs qui leur sont indispensable.

Telles sont les principales propriétés que doit posséder l'**usine** de l'agriculteur. Mais il ne servirait de rien qu'elle remplit toutes ces conditions, si elle ne contenait pas les substances nécessaires à la formation des plantes que celles-ci ne peuvent puiser dans l'eau et l'air. Reste donc une dernière condition, pour avoir une terre parfaite, mais celle-ci relative aux **matières premières ;** nous la formulerons de la manière suivante :

IV. — Il faut que le terrain contienne en suffisante quantité les éléments nutritifs que l'eau et l'atmosphère ne peuvent fournir aux végétaux et qui constituent leurs cendres. En d'autres termes, il faut qu'il soit suffisamment pourvu des matières minérales qui entrent dans la composition des récoltes.

Quelque minime que soit la proportion de ces substances minérales puisqu'elle ne dépasse pas en général 4 ou 5 pour cent du poids de la plante, elles sont cependant indispensables et la végétation serait impossible, si elles faisaient complètement défaut.

Ainsi un terrain sera parfait s'il est :

assez *consistant* pour donner un point d'appui solide aux plantes,

assez *meuble* pour se laisser traverser facilement par les racines,

assez *perméable* pour ne pas retenir l'humidité en trop grande abondance,

assez *frais* pour fournir en tout temps une suffisante quantité d'eau à la végétation,

assez *riche en principes minéraux* pour procurer aux plantes les éléments nécessaires à leur développement.

On voit que la plupart des propriétés de la terre parfaite dépendent de ce que nous avons appelé l'usine végétale. C'est donc l'**usine** qui joue le rôle prépondérant dans les phénomènes de la végétation et par suite dans la fertilité des terrains. Comme elle est formée par les matériaux physiques du sol, on peut dire que c'est surtout la constitution physique qui fait les bonnes ou les mauvaises terres.

« *Les conditions de fertilité des sols, a dit Boussingault, dépendent bien moins de la constitution chimique des matériaux du sol que de leurs propriétés
physiques.* » (1) Certes une usine végétale, même
parfaite, ne pourrait produire que de maigres récoltes si elle ne possédait pas les éléments minéraux
nécessaires à la nutrition des plantes. Mais il n'y
a pas de sol réunissant les propriétés ci-dessus
énumérées qui soit absolument dépourvu de principes nutritifs et puis la plupart des végétaux prennent
dans l'air et l'eau au moins les 95 centièmes de leur
substance. Il en résulte que, avec une bonne usine,
on aura toujours une végétation satisfaisante, tandis
que, avec une usine défectueuse, même abondamment pourvue de matières premières, on n'obtiendra
que de faibles produits. De plus, quand l'usine est
mauvaise, il est toujours difficile, coûteux et parfois
impossible de l'améliorer, si par exemple, elle est
trop sablonneuse ou trop argileuse ou que la couche
végétale soit trop mince et ne puisse assurer, par
suite d'une profondeur insuffisante, la fraîcheur nécessaire à la végétation. Lorsque elle se trouve bien
constituée, il est aisé, au contraire, d'arriver à une
haute fertilité, même si le sol est naturellement
pauvre en principes fertilisants. Quelques quintaux
des éléments minéraux qui lui manquent suffisent
pour produire cet heureux résultat.

Il y a donc lieu de rechercher et de déterminer
exactement quelle est la constitution physique qui
réalise les propriétés que doit posséder l'**usine
végétale.**

---

(1) Boussingault. Economie rurale.

PREMIÈRE PARTIE

CONSTITUTION PHYSIQUE DU SOL
Usine Végétale

SECTION PREMIÈRE
Eléments constituants principaux de l'Usine végétale
Propriétés physiques

On peut considérer l'usine végétale comme constituée par deux parties essentielles, fondamentales,
abstraction faites des pierres et des cailloux : l'une
grenue, formée par des particules plus ou moins
fines n'est autre que du sable ; la seconde formée
par une matière impalpable, qui reste facilement en
suspension dans l'eau, est connue vulgairement sous
le nom d'argile. De la proportion relative de ces deux
éléments dépendent la plupart des propriétés physiques des sols. Il importe donc de connaître les caractères propres de chacun d'eux.

CHAPITRE Ier

Sable

Le sable est ordinairement formé par des grains
de quartz ou de silice, mais il peut aussi être constitué en plus ou moins grande proportion par des
grains de carbonate de chaux. Quelle que soit la
nature de ses principes constituants, ses propriétés
physiques sont sensiblement les mêmes. Elles résul-

tent de l'existence entre les grains de sable de petits espaces vides dont l'ensemble forme 29 à 30 pour cent du volume total. Par suite de cette disposition, l'eau versée sur le sable s'écoule à travers ces petits vides ou pores comme à travers un filtre et ne peut jamais s'y accumuler et rester stagnante. Néanmoins, il en retient une certaine quantité qui peut varier, suivant qu'il est plus ou moins fin, de 30 à 20 pour cent. C'est plus qu'il n'en faut pour les besoins de la végétation, car, d'après le comte de Gasparin, il suffit qu'une terre en contienne pendant les péricdes de sécheresse environ 10 pour cent de son poids à 30 centimètres de profondeur. Une proportion supérieure à 23 pour cent serait même nuisible en hiver (1).

Mais si l'eau pluviale traverse rapidement le sable, elle remonte, d'autre part, sans difficulté des parties profondes grâce à l'action de la capillarité, quand les couches supérieures ont perdu une partie de leur humidité par l'effet de l'évaporation qui se produit à la surface du sol et des feuilles. L'eau est ainsi toujours en mouvement dans le sable, tantôt descendant quand il y en a un excès à la partie supérieure, tantôt remontant lorsque, au contraire, elle fait défaut à la surface et ce mouvement est des plus favorables à la végétation, car il entraîne en même temps un mouvement d'air et de gaz qui est indispensable aux réactions chimiques du sol et aux fonctions respiratoires des racines.

Le sable remplit donc les conditions de perméabilité que nous avons reconnu devoir exister dans une terre parfaite. Il peut aussi posséder les conditions de fraîcheur nécessaires, puisqu'il retient

---

(1) Cours d'agriculture. Tome 1.

jusqu'à 30 pour cent d'eau, tandis qu'il n'en faut pour une bonne végétation que de 10 à 23 pour cent. Mais on comprend que, si sa couche est trop mince et repose sur un sous-sol à la fois imperméable et déclive qui entraîne vers les parties inférieures l'excédent d'eau qui l'a traversé, si le climat est chaud et sec et que les pluies soient rares, les plantes peuvent y souffrir de la sécheresse. Quand, au contraire, sa couche sera profonde, que le sous-sol imperméable sera à peu près horizontal et pourra conserver l'eau qui aura filtré à travers la masse supérieure, quand surtout elle reposera sur une nappe d'eau, comme cela arrive presque toujours sur le bord des rivières et de la mer, ou tout simplement, lorsque le climat sera frais, humide et que les pluies seront fréquentes, il aura en tout temps la fraîcheur nécessaire pour faire face à une belle végétation.

Au point de vue de la croissance des racines et de l'accomplissement de leurs fonctions, il possède aussi les qualités voulues. Ses pores permettent, en effet, à ces organes de s'insinuer facilement entre ses grains et, par suite du défaut de liaison de ces particules, de s'étendre à leur aise et d'aller dans tous les sens chercher leur nourriture. Cette porosité et cette absence de cohésion font aussi que le sable est toujours meuble et se laisse travailler en toute saison sans difficulté.

Reste la condition de consistance. Si les plantes annuelles, à racines superficielles, ne peuvent pas toujours se fixer solidement sur le sable et s'y défendre contre le vent, il n'en est pas de même des plantes vivaces à racines plongeantes et en particulier des arbres qui, grâce à l'extension rapide et profonde qu'y prend leur système radiculaire, arrivent à s'implanter fortement et à résister aux plus fortes rafales. Du reste, quand il est très fin, l'eau seule lui donne une consistance suffisante. Ne sait-on pas, en effet, que c'est avec du sable légèrement humide que l'on fait les moulages ? Au surplus, le sable absolument pur n'existe pas dans la nature comme terre végétale et il faut si peu de matières étrangères, argile, calcaire ou humus, pour lui communiquer la cohésion nécessaire qu'on peut avancer que, sous les climats tempérés, il n'y a pas de terrains assez inconsistants pour rendre la végétation impossible.

Si nous ajoutons que le sable ne s'échauffe pas très rapidement, surtout quand il est blanc, mais que, par contre, il se refroidit avec lenteur que, s'il se laisse pénétrer avec facilité par l'air et le gaz, il n'a pour eux, comme pour l'humidité atmosphérique, qu'un faible pouvoir absorbant, nous aurons énuméré les principales propriétés physiques de cet élément si important de la terre végétale.

Le sable possède donc la plupart des qualités physiques qui caractérisent la terre parfaite. On peut dire que c'est l'élément le plus important de l'usine végétale. Il est moins bien doué sous le rapport de la composition chimique et les terres sableuses sont, en général, pauvres en principes minéraux fertilisants. Mais si cette pauvreté nuit aux plantes annuelles qui ont besoin de trouver dans un petit rayon les principes nutritifs qui leur sont nécessaires, elle n'empêche pas les végétaux pérennes, tels que les arbres forestiers et fruitiers, les arbustes et en particulier la vigne, d'y prendre un puissant développement, à la simple condition que l'eau ne leur manque pas, tant les propriétés physiques du sol ont une influence prépondérante sur la végétation.

Tout le monde, en effet, connaît les magnifiques
forêts de pins qui peuplent les landes de Gascogne
et qui non-seulement ont réussi à se fixer sur ce
sol inconsistant, mais ont fixé en même temps le
sable des dunes dont ils ont arrêté la menaçante
invasion. N'a-t-on pas également entendu parler des
beaux vignobles des sables d'Aigues-Mortes dont
la vigueur est telle qu'on ne sait ce qu'il faut admirer
le plus ou de leur énorme production ou de leur
merveilleuse propriété d'être à l'abri des terribles
atteintes du phylloxéra ?

Or, ces deux natures de terres sont des sables à
peu près purs, comme on peut en juger par les analyses suivantes :

Sables d'Aigues-Mortes (Barral)		Sables des Landes	
Sable calcaire.	96,50	Sable siliceux.	98,00
Matière organique.	2,00	Matière organique.	1,00
Argile.	0,75	Argile.	0,50
Sesquioxyde de fer..	0,25	Carbonate de chaux, etc.	0,50
Acide phosphorique.	0,03		
Azote.	0,13		

Ainsi on voit qu'il suffit de moins de 1 centième
d'argile et de 1 à 2 centièmes d'humus pour donner
à ces sables une consistance suffisante et leur permettre de porter une riche végétation.

Chapitre II

Argile

Au point de vue pratique, c'est la partie impalpable du sol, celle qui garnit les vides du sable. Pour
le chimiste, c'est du silicate d'alumine hydraté. De

même que, en étudiant le sable, nous avons surtout considéré le type vrai qui est le sable siliceux, de même nous allons prendre pour base l'argile proprement dite, celle des chimistes, laissant pour le moment de côté l'impalpable calcaire.

Les particules qui la composent sont tellement fines que, lorsqu'elle est délayée dans l'eau, elle se tient assez longtemps en suspension dans le liquide et se laisse entraîner facilement avec lui. Quand la proportion d'eau n'est pas trop considérable, elle forme une pâte liante, plastique, sans pores, qui devient complètement imperméable. Aussi est-elle souvent utilisée pour faire des bassins étanches.

Desséchée au soleil, elle subit un retrait considérable qui, d'après Schübler, est de 183 pour 1000, soit environ d'un cinquième : elle se crevasse alors dans tous les sens et acquiert une grande dureté. Les instruments aratoires ne peuvent l'entamer et les racines comprimées et parfois déchirées s'arrêtent dans leur développement.

Elle a un pouvoir absorbant considérable non-seulement pour les liquides, mais encore pour les gaz. Elle retient jusqu'à 70 pour cent d'eau, tandis que nous avons vu que le sable n'en garde que 20 à 30 pour cent. Le purin, en la traversant, lui abandonne sa couleur et son odeur. Les gaz de l'atmosphère, notamment les gaz ammoniacaux, sont absorbés par elle et retenus avec force. Il en est également de la vapeur d'eau et cette absorption s'accompagne même d'une élévation de température.

Si l'argile emprisonne fortement gaz et liquides, ainsi que la plupart des principes nutritifs, elle ne les restitue que difficilement aux racines des plantes. Il faut qu'elle en soit presque saturée pour que la

végétation puisse les lui arracher et donner d'abondants produits. Aussi, quand les terres argileuses ne
sont pas naturellement riches, leur fertilisation est
toujours très longue et très coûteuse. Heureusement
qu'elles contiennent, en général, une notable proportion des substances nécessaires à l'alimentation des
plantes. A ce point de vue l'argile est bien mieux
douée que le sable. Mais, par suite de la compacité
et des alternatives d'humidité surabondante et de
dessiccation excessive par lesquelles elle passe, les
racines sont souvent impuissantes à aller à leur recherche et ces richesses minérales restent sans utilité
et sans emploi.

Contrairement à l'opinion générale, l'argile acquiert au soleil une température aussi élevée que
le sable, car le réchauffement des terres dépend
plutôt de la contraction de leurs molécules et de certains états physiques, tels que la couleur, l'inclinaison, le plus ou moins de sécheresse ou d'humidité,
que de la nature de leurs éléments constituants.
Ainsi Schübler a trouvé que, à une température
aérienne de 25°, un sable siliceux gris jaunâtre
atteignait 37°25, tandis qu'une argile de même couleur montait à 37° 38 et qu'à l'état sec le sable arrivait
à 44° 75 et l'argile à 44°62.

Mais, si l'argile s'échauffe autant et aussi vite que
le sable, elle se refroidit bien plus rapidement. Le
même auteur, a démontré en effet, que dans une
atmosphère à 16°,2 l'argile a mis 2 heures 19 minutes à descendre de 62°,5 à 21°,2, tandis qu'un même
volume de sable siliceux a mis 3 heures 27 minutes,
ce qui établit pour le sable siliceux une faculté de
résistance au refroidissement représentée par 95,6,

alors que pour l'argile elle ne serait que de 66,7,
celle du sable calcaire étant de 100. Il en résulte
que la température de l'argile varie à tout instant,
montant pendant le jour et les heures de chaleur,
baissant pendant la nuit et les périodes de froid, ce
qui ne peut être que nuisible à la végétation. C'est
sans doute à cause de cette rapidité de refroidissement que les terres argileuses passent pour être
froides, tandis que les terres siliceuses, par suite
de la conservation de leur calorique, sont regardées
comme chaudes et mûrissent mieux les fruits qu'elles
portent.

Ainsi l'argile a des propriétés absolument opposées à celles du sable. Par conséquent, si, comme
nous l'avons reconnu, les terres sablonneuses sont
douées de la plupart des qualités physiques propres à une bonne végétation, on doit en conclure,
par contre, que les terres argileuses se trouvent
dans des conditions plus défavorables.

Pour faire mieux ressortir les caractères respectifs
de chacun de ces deux éléments fondamentaux du
sol, nous allons les présenter dans le tableau synop-
tique suivant :

SABLE	ARGILE
Perméable en tout temps.	Imperméable quand elle est saturée d'eau.
Poreux.	Compacte.
Friable.	Consistante.
Meuble, facile à tra-vailler.	Tenace, très difficile à travailler.
Toujours pénétrable aux racines.	Impénétrable dans les excès d'humidité et de sécheresse.

SABLE	ARGILE
Retient 20 à 30 0/0 d'eau.	Retient 70 0/0 d'eau.
Faible pouvoir absorbant pour les gaz et les sels.	Grand pouvoir absorbant pour les gaz et les sels.
Chaud.	Froide.

Il résulte de ces propriétés opposées que les défauts de chacun de ces éléments peuvent se corriger par leur mélange et que les qualités physiques d'une terre végétale dépendent de la proportion dans laquelle ces deux substances sont associées. Voyons, en effet, ce qui se passe dans les mélanges de sable et d'argile.

Par suite de leur grande ténuité les particules de l'argile sont entraînées par l'eau dans les vides du sable et tendent à les remplir. Tant que la partie impalpable n'atteint pas le volume total de ces vides, c'est-à-dire 30 pour cent, les pores du sable ne sont pas obstrués complètement et le sol conserve, dans la mesure de ces vides, les propriétés que nous avons reconnues au sable telles que la perméabilité, la friabilité, la porosité, etc. On conçoit donc qu'une certaine proportion d'argile, tout en laissant au sable ses qualités propres, ne pourra être que favorable, en augmentant la consistance du sol et sa capacité pour l'eau, les gaz et les matières fertilisantes. Mais il ne faut pas que cette proportion se rapproche trop de la limite de ces vides. N'oublions pas, en effet, que l'argile augmente de volume par l'humidité et que, lorsqu'elle est saturée d'eau, elle remplit tous les interstices du sable bien avant d'avoir atteint la limite de 30 pour cent. Comme d'un autre côté il faut que les espaces capillaires restent assez grands pour laisser passer l'eau et les racines, nous pensons que, en ce qui concerne la vigne et les arbres en général, surtout ceux qui ont des racines plongeantes, la proportion d'argile ne doit pas aller au-delà de 15 centièmes.

Pour les plantes annuelles et les céréales en particulier qui sont appelées à vivre dans une couche de terre artificiellement ameublie par les labours et le fumier, cette proportion peut s'élever jusqu'à 30 centièmes sans autre inconvénient sérieux qu'une plus grande difficulté pour les façons culturales et une plus grande résistance à livrer à la végétation les principes nutritifs. On admet même ordinairement, que les meilleures terres à froment sont les terres dites *franches* qui contiennent de 20 à 30 pour cent d'argile. Cette dose d'impalpable est cependant loin d'être nécessaire pour constituer la fertilité d'un sol à céréales. Nous verrons, en effet, plus loin que les terres d'alluvion du Lot et de la Dordogne si fertiles et si favorables à toutes les cultures en contiennent beaucoup moins, de 3 à 12 pour cent seulement. Il en est de même des terres de la Limagne d'Auvergne dont tout le monde connaît la fécondité proverbiale pour toute espèce de végétaux, plantes, arbres et arbustes, comme le montre la composition ci-dessous d'un échantillon pris à Pont-du-Château (1).

Pierres.	16.00
Sable.	69.70
Argile.	14.30
Total.	100.00

(1) P. de Gasparin. De la détermination des terres arables.

Au-delà de 30 pour cent d'impalpable les vides du sable n'existent plus : ils sont entièrement remplis par l'argile et le sol ne présente plus aucune solution de continuité entre ses particules. Il est alors plein, compact, continu. Il cesse d'être sablonneux pour devenir argileux. Il ne se laisse traverser que difficilement par l'eau et les racines et il oppose, par suite, à la végétation des obstacles d'autant plus grands que la proportion d'argile est plus forte. A 50 pour cent d'argile, les terres sont d'une exploitation très difficile et peu lucrative : sèches, les instruments ne peuvent les attaquer ; trop humides, elles deviennent pâteuses, glissantes et imperméables. Au-delà de 70 pour cent, elles sont impropres à la culture et ne constituent plus que des argiles à briques.

Ainsi, on le voit, d'une manière générale les terres sablonneuses ou siliceuses ont plus d'avantages que les terres argileuses. On arrive cependant parfois à tirer un excellent parti dans la pratique de ces dernières quand elles ne sont qu'au premier degré de minéralisation, c'est-à-dire entre 30 et 40 pour cent d'impalpable, mais c'est par des moyens longs et coûteux, tels que le drainage qui enlève l'excès d'humidité, les labours et hersages qui détruisent leur compacité et produisent une porosité artificielle, les engrais végétaux, la chaux et la marne qui divisent leur masse et diminuent leur cohésion. On comprend toutefois que, si les avantages momentanés qui en résultent peuvent suffire aux plantes annuelles pour leur permettre de parcourir toutes les phases de leur végétation, il ne peut en être de même pour les plantes vivaces à racines pivotantes, comme la luzerne, etc, ainsi que pour les arbres et arbrisseaux, tels que la vigne, etc.

L'impossibilité dans laquelle on se trouve d'ameublir, comme pour les cultures annuelles, la couche de terre dans laquelle vivent les racines, fait que le sol ne tarde pas à reprendre la consistance primitive que lui impose sa constitution physique, quel qu'ait été le défoncement préalable, et il arrive que, après avoir présenté pendant quelques années une vigueur pleine de promesses, ces végétaux ne tardent pas à faiblir, deviennent jaunes et chlorotiques et finalement se couronnent et meurent.

La conclusion à tirer de cette étude comparative des deux principes constituants du sol est qu'il faut rechercher de préférence les terrains sablonneux ou siliceux pour les arbres fruitiers et en particulier pour la vigne et exclure absolument ceux où l'argile dépasse 30 pour cent. L'expérience a montré, en effet, que c'est dans les sols siliceux, perméables, profonds que la vigne française a résisté le plus longtemps aux attaques du phylloxéra et que la vigne américaine donne les meilleurs résultats, surtout s'ils sont en même temps ferrugineux et peu calcaires. L'influence de la constitution siliceuse d'un terrain est telle qu'elle suffit seule parfois à mettre nos vignes à l'abri du phylloxéra, comme nous l'avons vu pour les sables d'Aigues-Mortes et que, dans les autres cas, elle permet de les conserver vigoureuses et productives avec l'aide des engrais, de l'irrigation ou grâce simplement à la fraîcheur naturelle du sol.

En ce qui concerne les plantes annuelles elles-mêmes, les terrains sablonneux et légers ont l'avantage d'être d'une exploitation plus facile et plus économique, d'une fécondation plus rapide et moins coûteuse et d'exiger moins d'avances pour arriver aux rendements rémunérateurs.

SECTION II

*Eléments constituants secondaires de l'***Usine végétale**
et propriétés physiques

CHAPITRE 1er

Calcaire

Nous n'avons tenu compte jusqu'ici pour plus de clarté, dans l'étude de la constitution physique du sol, que du sable et de l'argile qui sont, en effet, les deux principes fondamentaux de toutes les terres et dont dépendent la plupart de leurs propriétés physiques. Mais il existe deux autres éléments constitutifs qui, bien que secondaires et ne se trouvant pas dans tous les sols, ne sont cependant pas sans action sur les caractères des terrains et dont il importe, par suite de déterminer la part d'influence. Ce sont le *calcaire* ou carbonate de chaux et l'*humus*.

Le calcaire se reconnaît à la propriété qu'il possède de faire effervescence avec les acides. Il peut se trouver dans le sol à l'état de grains où à l'état de poudre impalpable, en d'autres termes sous forme de sable ou d'argile. Dans le premier cas, il se comporte à peu près comme le sable siliceux : il a les mêmes propriétés au point de vue de la perméabilité, de la friabilité et de l'inconsistance. Seulement il possède un pouvoir absorbant un peu plus fort pour l'eau, l'oxygène, les gaz et l'humidité atmosphérique. Ainsi il retient 29 pour cent d'eau au lieu de 25 et sa capacité pour l'oxygène est de 5,6 au lieu de 1,6 (Schübler). Mais s'il absorbe un peu plus d'eau, il la perd plus rapidement par l'effet de l'évaporation, à cause de l'activité plus grande de l'ascension capillaire.

A l'état impalpable il diffère notablement de l'argile proprement dite. Egalement très avide d'eau il peut en retenir jusqu'à 80 pour cent. Mais, au lieu de former avec elle une pâte liante, compacte et plastique, il ne produit qu'une bouillie sans consistance, incapable de faire corps et qui ne devient jamais complètement imperméable. Gonflant peu par l'humidité, il se rétracte également peu par la sècheresse et, en perdant l'eau dont il s'était emparé, au lieu de durcir comme l'argile, il tombe facilement en poussière, d'où il résulte qu'il n'a qu'une faible ténacité et se laisse travailler aisément.

Les sols calcaires se réchauffent avec lenteur à cause de leur couleur blanche ; mais ils se refroidissent plus vite que l'argile, en sorte qu'ils peuvent être considérés comme des terres froides. Cependant, à un autre point de vue, on les regarde comme brûlants, par ce qu'ils consomment avec rapidité les engrais organiques qu'on leur confie et qu'on est obligé de les renouveler presque chaque année.

L'impalpable calcaire n'existe que très exceptionnellement dans la nature à l'état de pureté. Il est en général mêlé à de l'argile avec laquelle il forme des marnes et dont il modifie profondément les caractères. Il en diminue la cohésion, l'imperméabilité et la ténacité proportionnellement à la dose qui entre dans le mélange, et de même les terres sableuses perdent leurs qualités propres, quand la proportion d'argile dépasse 30 0/0, de même que les terres argileuses perdent leurs caractères spécifiques, lorsque la proportion de calcaire dépasse le même chiffre. Il en résulte que le sable peut conserver ses propriétés spéciales avec des doses d'impalpable plus fortes que celles que nous vous avons indiquées, quand ce der-

nier contient une certaine quantité de calcaire et que
les terres argileuses de leur côté peuvent rester susceptibles de culture au delà des chiffres que nous
avons donnés, si leur imperméabilité et leur ténacité
sont corrigées par la présence du calcaire.

Le calcaire sert en outre d'aliment aux plantes,
car il entre dans la composition de leurs tissus et il
joue un rôle important dans les facultés nitrifiantes
du sol.

Chapitre 2

Humus

L'humus est le produit de la décomposition des
végétaux. Comme le calcaire, il peut se trouver dans
le sol à l'état grossier ou à l'état impalpable. C'est
sous cette dernière forme surtout qu'il convient de
l'étudier.

Il présente alors l'aspect d'une matière noirâtre,
molle et onctueuse quand elle est humide, légère et
pulvérulente quand elle est sèche. Il contient tous
les principes nutritifs des plantes qui lui ont donné
naissance, mais il possède en outre des propriétés
physiques très importantes. Son pouvoir absorbant
pour l'eau, l'air et les gaz est bien supérieur à celui de
l'argile et du calcaire. Ainsi il peut retenir environ
trois fois plus d'eau que l'argile, soit exactement 190
pour cent de son poids. Il prend aussi près de trois
fois plus d'humidité atmosphérique. Quant à l'oxygène de l'air, tandis que le sable siliceux n'en absorbe
que 1,6 pour cent de son poids, l'argile pure 15, le
terreau en retient 20 pour cent. Il condense également avec énergie l'ammoniaque de l'atmosphère et
enlève à leur dissolution dans l'eau les principes salins

qu'il conserve précieusement pour les abandonner peu à peu aux racines des plantes. Thénard croit même que, seul des éléments constituants du sol, il peut retenir les nitrates en formant avec eux des composés azoto-carbonés, tandis que l'argile et le calcaire les laissent filtrer et se perdre dans les couches inférieures ou les eaux de drainage.

L'humus joue donc un rôle considérable à la fois comme modificateur de l'usine végétale et comme matière première. Par sa composition et ses propriétés chimiques, il est un élément important de fertilité et, par ses qualités physiques, il constitue un puissant amendement de tous les sols. Aux terres légères il donne de la consistance et de la fraîcheur et communique sa faculté d'absorber et de retenir les gaz ainsi que les principes salins nécessaires à l'alimentation des plantes. Dans les terres argileuses, au contraire, il agit en diminuant la cohésion et la ténacité et en les rendant plus meubles et plus perméables.

De plus, par les oxydations dont il est le siège, l'acide carbonique qu'il dégage et les combinaisons chimiques auxquelles il donne lieu, il attaque et dissocie la plupart des minéraux du sol de manière à les rendre solubles et par suite propres à servir à la nutrition des plantes.

Cependant, malgré toutes ces propriétés si précieuses, il ne peut pas être considéré comme absolument indispensable à la terre arable. Les chimistes obtiennent de belles récoltes avec des engrais minéraux dans du sable privé de toute matière organique par la calcination. Les premiers végétaux qui ont couvert la surface de la terre après son refroidissement n'ont pas eu non plus d'humus à leur disposition. Mais dans la pratique on aurait grand tort de se priver de ses nombreux avantages et c'est à bon droit qu'on juge, en général, de la fertilité du sol d'après la quantité d'humus qu'il contient. Une bonne proportion paraît être de 3 à 5 pour cent du poids de la couche végétale.

Chapitre 3

Pierres et gravier

Dans les analyses des sols on ne tient compte que de la partie qui passe à travers un tamis dont les mailles ont un millimètre d'écartement. Tout ce qui reste au-dessus est compris sous la dénomination de pierres et gravier et considéré comme inerte. Il convient cependant d'en dire quelques mots, car la pierraille se trouve mêlée en si grande proportion à la plupart de nos terres arables qu'il est bon d'en connaître le véritable rôle.

Par elle-même la pierraille est presque toujours inerte, car elle est insoluble dans l'eau et, comme la grosseur de ses fragments la met en grande partie à l'abri des influences atmosphériques et chimiques qui agissent surtout sur les corps très divisés, elle ne fournit que peu ou point de matériaux à la nutrition des plantes. Par son mélange avec la terre végétale, elle ne modifie pas non plus sensiblement ses propriétés physiques qui dépendent presque exclusivement, ainsi que nous l'avons vu, de la proportion relative du sable et de l'argile. Les pierres sont comme noyées dans la masse de la partie fine et n'en changent pas plus les caractères qu'elles ne changeraient ceux de l'eau dans laquelle on les verserait. Mais elles tiennent la place du sol actif et en diminuent la richesse proportionnellement à leur volume, de même que l'eau ajoutée au vin en diminue la force et la qualité. Comme en même temps elles entravent la marche des instruments aratoires et que, en couvrant la surface du terrain, elles nuisent à la germination et à la levée des plantes, on peut en conclure que dans la plupart des cas elles sont plus nuisibles qu'utiles.

Mais, si cela est vrai pour la généralité des plantes annuelles qui ont besoin de rencontrer à leur sortie du sol une surface sans entraves et de trouver à la portée de leurs frêles racines la plus grande quantité possible de principes actifs, il n'en est pas tout à fait ainsi pour les arbres et la vigne qui peuvent toujours percer sans difficulté la couche pierreuse de la surface et aller au loin, par leurs longues et fortes racines, chercher leur nourriture. En ce qui concerne ces végétaux, la pierraille n'est pas sans quelques avantages et on les a même vus quelquefois dépérir à la suite d'un épierrement trop complet. C'est que, en augmentant dans des proportions parfois considérables l'épaisseur de la couche végétale qui, sans elle, serait dans certains cas réduite à quelques centimètres, elle permet à ces végétaux de mettre leurs racines à l'abri de l'air et du soleil et de se défendre contre l'action du vent. De plus, en s'accumulant à la surface, tandis que la partie fine entraînée par les pluies s'en va au contact des racines, la pierraille forme un manteau protecteur qui, par sa porosité, maintient la fraîcheur du sol, diminue l'évaporation et s'oppose à la pénétration trop rapide de la chaleur solaire, grâce à l'air interposé dans ses interstices lequel est mauvais conducteur du calorique. Or, dans ces sols en général secs et superficiels et avec ces

4

cultures arbustives, la fraîcheur est la condition la plus importante pour la végétation et tout ce qui contribue à l'augmenter ne peut avoir que de précieux avantages.

Circonstances extrinsèques qui influent sur les

propriétés physiques des sols

Nous venons de passer en revue les principaux éléments constituants des sols et de déterminer le rôle que joue chacun d'eux dans les propriétés de la terre végétale.

Mais ces propriétés sont aussi influencées, dans une mesure plus ou moins grande, par certaines conditions extrinsèques qu'il est indispensable de passer en revue. Telles sont l'épaisseur du sol, la nature du sous-sol, l'inclinaison de la surface, son exposition, sa couleur.

CHAPITRE 1er

Epaisseur du sol ou profondeur

On appelle *sol* la couche supérieure du terrain jusqu'à la profondeur où elle change de nature minérale. L'épaisseur de cette couche varie considérablement. De quelques centimètres elle peut aller à un ou plusieurs mètres, comme il arrive dans les vallées et les deltas des fleuves, ou bien au pied des montagnes, par suite de l'accumulation lente de la terre des côteaux entraînée par les pluies. En pareil cas, on peut distinguer dans le sol la couche végétale proprement dite ou *sol actif* qui est riche en terreau et reçoit les influences atmosphériques ainsi que l'action des instruments aratoires, et la couche inférieure ou *sol inerte* qui ne diffère de la première que par une quantité moindre d'humus et une plus grande ténacité.

Nous avons déjà laissé pressentir l'importance de la profondeur du sol sur ses qualités et sa valeur. C'est d'elle surtout que dépend la fraîcheur de la terre arable, *cette propriété fondamentale sans laquelle il ne peut pas y avoir de terrains fertiles.* Car l'eau est non-seulement le dissolvant et le véhicule de la plupart des aliments des plantes, mais elle est encore par elle-même leur premier et plus impérieux besoin.

Au point de vue des autres substances nutritives, un sol peu profond ne peut non plus suffire longtemps aux besoins de la végétation, si riche qu'il soit d'ailleurs, car les éléments de fertilité ne se trouvent dans la terre qu'à l'état peu soluble ou lentement soluble, en sorte que les racines ont bientôt parcouru dans tous les sens et épuisé de tous ses principes assimilables une couche trop mince.

Les sols superficiels ne peuvent donc jamais atteindre un haut degré de fertilité et c'est malheureusement le cas de la plupart des terrains du Lot. L'influence de la profondeur est telle qu'on peut dire que souvent la valeur d'une terre dépend beaucoup plus de son épaisseur que de sa richesse. En effet, de deux sols dont l'un sera deux fois plus riche en éléments nutritifs que l'autre, mais aura une épaisseur deux fois moindre, le second devra mériter la préférence, car il contiendra dans la totalité de sa masse autant de principes utiles que le premier et il aura en outre sur lui l'avantage de pouvoir emmaga-

siner pendant les pluies une plus grande quantité
d'eau et, par suite, de jouir d'une plus grande fraîcheur.

La profondeur du sol est surtout avantageuse pour
les plantes annuelles, à végétation courte et rapide,
qui doivent trouver dans un faible rayon, à la portée de leurs racines, tous les éléments nécessaires à
leur alimentation.

Pour les plantes pérennes et vivaces, les arbres et
les arbustes, qui ont le temps d'aller au loin chercher leur nourriture, elle est moins indispensable.
Mais elle est devenue des plus utiles à la vigne, depuis son invasion par le phylloxéra, car elle lui permet de se soustraire en partie aux terribles piqûres
du puceron en enfonçant ses racines dans des couches plus humides. L'eau est peut-être de tous les
insecticides le plus nuisible au phylloxéra : le puceron chemine difficilement dans une terre fraîche et
dont tous les pores sont remplis d'eau ; tandis qu'il
pullule avec une étonnante puissance et produit des
effets presque foudroyants dans les terrains secs et
aérés. Il est fort à croire que c'est uniquement à l'eau
qui baigne leurs couches profondes que les sables
d'Aigues-Mortes et les terrains analogues doivent
leur précieuse propriété de mettre la vigne à l'abri
des atteintes de son mortel ennemi.

Il faut donc s'efforcer avant tout dans la reconstitution des vignobles de faire les nouvelles plantations dans des terrains profonds. De là la nécessité
de procéder à des défoncements plus énergiques que
par le passé. L'expérience semble montrer qu'il faut
les pousser jusqu'à 60 centimètres, à moins que le
sous-sol ne soit naturellement meuble et perméable
ou que la roche sous-jacente ne soit largement

fissurée. Cette nécessité continuera à s'imposer jusqu'à ce qu'on aura trouvé soit des producteurs
directs, soit des porte-greffes absolument indemnes
de phylloxéra et aussi peu exigeants sous le rapport
de la fraîcheur et de la richesse du sol que nos
anciens cépages.

Chapitre 2

Sous-sol

Le *sous-sol* est la couche de terre de nature différente immédiatement située au-dessous de la couche
végétale. Par le fait seul de son existence le sous-sol
est une bonne condition pour une terre, puisqu'il en
augmente la profondeur. Mais il n'existe pas toujours : le sol peut, en effet, reposer directement sur
la roche impénétrable. C'est ce qui a lieu sur la plus
grande partie de nos plateaux calcaires. D'après ce
que nous avons dit des avantages des sols profonds on
comprend que l'absence de sous-sol soit toujours un
défaut d'une importance capitale, à moins qu'il
n'existe sous la terre arable cette couche inerte que
nous avons signalée dans les terrains d'alluvion. La
valeur d'une terre dépend beaucoup de la nature du
sous-sol : elle ne peut être déterminée exactement si
on ne connait pas les caractères physiques de la couche sur laquelle elle repose.

D'une manière générale, il est avantageux que le
sous-sol ait des propriétés opposées à celles de la
couche qui les recouvre, à moins que celle-ci ne
possède une constitution parfaite. Si la terre végétale
est légère, sableuse et que son épaisseur soit faible,
un sous-sol argileux sera très-précieux en retenant
les eaux pluviales et en maintenant la fraîcheur du
terrain. Quand, au contraire, la couche superficielle

est compacte, argileuse, il est très utile que la couche inférieure soit poreuse, perméable, car il se produit un drainage naturel, qui empêche les eaux de croupir à la surface et les racines, en arrivant dans cette terre meuble, y prennent un puissant développement. En outre, dans l'un et l'autre cas il y a cet immense avantage que par des labours de plus en plus profonds on peut améliorer une couche par l'autre sans de grands frais et arriver à augmenter peu à peu l'épaisseur de la couche végétale.

CHAPITRE 3

Inclinaison du sol

L'inclinaison du sol a une influence considérable sur deux des principales propriétés physiques de la terre végétale, la fraîcheur et la température. Les sols inclinés sont toujours moins frais que les sols horizontaux, toutes circonstances égales d'ailleurs. Les eaux pluviales qu'ils reçoivent tendent, en effet, à descendre vers les vallées et ils ne peuvent en garder, même lorsqu'ils sont traversés par elles dans leur épaisseur, que la quantité qui leur est assignée par leur capacité hydrométrique. Quand ils sont imperméables, les fortes pluies glissent sur leur surface sans les pénétrer et ils n'en retiennent qu'une faible partie, tandis que les plaines ont le temps de les absorber et peuvent les conserver pour les périodes de sécheresse.

Les sols inclinés reçoivent, en outre, les rayons solaires tantôt plus perpendiculairement, tantôt plus obliquement que les plaines. Or, comme ces rayons pénètrent et réchauffent le sol d'autant plus qu'ils tombent sur lui dans une direction plus rapprochée de la normale, il en résulte que les côteaux recevront tantôt plus de chaleur, tantôt moins que les champs horizontaux. Quand c'est le premier cas qui se produit, comme le sol se trouve en même temps privé de sa fraîcheur par sa déclivité, on comprend pourquoi ces côteaux deviennent si vite secs et brûlants et peuvent mûrir leurs fruits bien avant la plaine. On s'explique aussi pourquoi les vignes placées dans ces conditions ont été si rapidement détruites par le phylloxéra.

Chapitre 4

Exposition du sol

L'exposition du sol, comme son inclinaison, a une action puissante sur sa fraîcheur et sa température. Cette action dépend uniquement de l'incidence des rayons solaires. Quand ces rayons touchent à peine le sol ou ne font que glisser sur lui, comme il arrive dans l'exposition nord, ils échauffent peu la terre végétale, tandis que s'ils tombent sur une surface exposée au midi qu'ils éclairent en même temps toute la journée, ils produisent une élévation de température considérable. Aussi trouve-t-on souvent entre les côteaux opposés d'une même montagne un contraste si frappant qu'on les croirait sous des climats tout à fait opposés. Il en résulte que l'exposition peut quelquefois corriger les défauts physiques d'un terrain. Ainsi un sol, naturellement doué de peu de fraîcheur, pourra, s'il est exposé au Nord, donner de bons résultats relatifs, alors qu'il aurait été brûlé par une exposition méridionale. De même un terrain argileux, froid qui, regardant le Nord, serait incapable de produire autre chose que des bois et des prairies, pourra, s'il est exposé au Sud, recevoir les céréales, la vigne et les arbres fruitiers.

CHAPITRE 5

Couleur du sol

La couleur joue également un rôle important dans la température de la terre végétale. En général, les sols blancs se réchauffent lentement, parce qu'ils réfléchissent la chaleur solaire, tandis que les sols noirs ou colorés absorbent les rayons calorifiques et montent rapidement dans l'échelle thermométrique. Schübler a constaté que, l'air étant à 25°, une argile blanche exposée au soleil s'élevait à 41°,25, tandis que la même argile colorée en noir atteignait 48°,27. L'expérience a, du reste, appris que les récoltes étaient plus précoces sur les terrains d'une couleur foncée. On a aussi remarqué que les vignes américaines réussissaient beaucoup mieux sur les sols colorés et étaient moins sujettes à la chlorose.

DEUXIÈME PARTIE

Matières Premières des Récoltes

SECTION I

Considérations sur l'alimentation des végétaux

Il ne suffit pas qu'un sol considéré au point de vue de l'*usine végétale* soit bien constitué et possède toutes les propriétés physiques que nous avons reconnu être le plus favorables à la végétation, il faut aussi qu'il contienne les substances nécessaires à l'alimentation des plantes, c'est-à-dire *les matières premières des récoltes*. Il ne servirait de rien qu'une terre fut parfaite au point de vue physique, si elle était privée des principes nutritifs des végétaux. Heureusement que cette circonstance ne se rencontre jamais d'une manière absolue dans la nature. Tous les sols possèdent quelques éléments de fertilité. Mais si les uns, et c'est la très-grande exception, en sont suffisamment pourvus, les autres, en beaucoup plus grand nombre, manquent d'un ou de plusieurs de ces éléments et ne peuvent, par suite, donner que de faibles produits. Il importe donc de connaître la composition chimique du sol et de savoir dans quelle proportion chacune des matières nutritives s'y trouve. C'est le seul moyen de se rendre compte de ce qu'il faut donner à la terre pour en augmenter la fertilité et obtenir de riches récoltes. Mais pour qu'une telle étude puisse être utile à l'agriculteur et lui permette d'en tirer des déductions pratiques, il faut qu'il sache de quelle manière s'alimentent les plantes, quelles substances leur sont nécessaires, dans quel état et dans quelle proportion elles doivent se trouver dans le sol. Il est donc indispensable que nous entrions dans quelques développements sur ces différentes questions.

Les plantes se nourrissent à la fois par les racines et par les feuilles. Ce n'est pas seulement dans la terre qu'elles puisent leurs aliments ; c'est aussi, et même en plus grande proportion, dans l'atmosphère sous forme d'eau, d'oxygène et d'acide carbonique. Par leurs racines elles prennent au sol les principes solides et liquides qui entrent dans leur composition ; par les feuilles elles absorbent dans l'air les principes gazeux qu'il contient et qui leur sont nécessaires pour la formation de leurs tissus.

Malgré leur diversité infinie, les végétaux sont tous formés des mêmes éléments et ces éléments sont au nombre de 14. Cela est vrai aussi bien de la plus humble mousse que du plus grand arbre, aussi bien de la vulgaire herbe des prés que du noble froment. Il n'y en a pas un de plus, pas un de moins : ils s'y trouvent seulement dans des proportions différentes. Ces principes constituants sont les suivants :

Oxygène.	Magnésium.
Azote.	Sodium.
Carbone.	Silicium.
Hydrogène.	Fer.
Phosphore.	Manganèse.
Potassium.	Chlore.
Calcium.	Soufre.

A l'exception de l'oxygène et de l'azote qui par leur mélange forment l'atmosphère, aucun de ces principes n'existe soit dans l'air, soit dans le sol à l'état pur. Ils sont toujours combinés entre eux et ne peuvent servir à l'alimentation des plantes que sous cet état. Les aliments gazeux, qu'ils soient purs ou combinés, sont absorbés par les feuilles et pénètrent ainsi directement dans l'organisme. Mais les matières solides ne peuvent s'introduire dans les racines que si elles sont solubles dans l'eau ou dissoutes par les poils terminaux de ces organes. Ce n'est qu'à cette condition qu'elles sont utiles aux plantes et peuvent être transportées dans leurs tissus à la rencontre des aliments absorbés par les feuilles pour contribuer à leur développement. La plus grande partie de ces substances se trouvent à l'état insoluble et sont, par suite, inertes. Ce n'est que lentement et sous l'influence des réactions chimiques qui se passent dans le sol qu'elles se dissolvent dans l'eau et deviennent actives. Aussi font-elles souvent défaut à la végétation, et le rôle de l'agriculteur consiste-t-il à favoriser leur dissolution par des travaux appropriés ou à les apporter du dehors dans des conditions d'utilité immédiate.

Mais il ne suffit pas que ces principes soient solubles il faut, en outre, qu'ils soient assimilables. Or les plantes ne peuvent se les assimiler que s'ils appartiennent au monde minéral. Les substances végétales ou organiques, même liquides, telles que l'urine, le purin, etc., sont incapables de pénétrer dans l'organisme du végétal et de servir directement d'aliment. Les savants modernes ont établi, en effet, d'une manière irréfutable que les aliments des plantes ne sont pas, comme on l'a cru jusqu'à ces derniers temps, des matières végétales en décomposition telles que l'humus, le terreau, le fumier, etc. ; ce sont des substances exclusivement minérales. Les corps organiques ne peuvent servir à l'alimentation des plantes qu'après s'être décomposés complètement, au point d'être rentrés dans le règne minéral d'où ils sont sortis.

Cette découverte aussi précieuse qu'inattendue tend à révolutionner de fond en comble l'agriculture. On comprend, en effet, que le cultivateur n'est plus tenu de fumer ses terres exclusivement avec l'engrais d'étable, ce qui le condamnait à consacrer la meilleure partie de son domaine aux récoltes fourragères, à entretenir un nombreux bétail, à bâtir des granges et des étables coûteuses, en un mot, à faire des avances énormes qui souvent dépassaient mille francs par hectare. Il peut aujourd'hui se borner à acheter à l'industrie, qui les produit en grand, les minéraux nécessaires à la production de riches récoltes et n'avoir d'autres prairies et d'autres étables que celles strictement indispensables à ses animaux de travail. Il y a de plus cet avantage avec les engrais minéraux que, par suite de leur solubilité et de leur assimilabilité, on n'a besoin de donner au sol que la quantité réclamée par la récolte précédente, tandis que avec le fumier de ferme qui met à se décomposer et à devenir assimilable 3 ou 4 ans au moins, on est forcé, pour avoir les mêmes résultats, de tripler et de quadrupler la dose, ce qui impose une dépense proportionnelle.

Est-ce à dire pour cela que le fumier de ferme soit désormais inutile et qu'on puisse s'en passer sans inconvénient ? Si les engrais organiques ne sont pas directement absorbés par les plantes, ils jouent cependant un rôle considérable dans la végétation et contribuent puissamment à la fertilité du sol. Outre les éléments nutritifs qu'ils fournissent aux plantes par leur retour au règne minéral, ils sont doués de propriétés physiques et chimiques très importantes que nous avons énumérées à propos de l'humus, qui est un des termes de leur décomposition. La terre privée d'engrais organiques perd ce que les praticiens appellent sa graisse, ainsi qu'une partie de ses propriétés physiques les plus indispensables. Elle s'effrite, se dessèche et devient incapable de donner de belles récoltes sans d'énormes dépenses en engrais chimiques. Il faut donc veiller avec soin à maintenir dans le sol une proportion d'humus convenable, soit en lui apportant du fumier de ferme, soit en y enfouissant des engrais verts.

SECTION II

Aliments atmosphériques

Des 14 principes constitutifs des plantes les uns sont fournis par l'atmosphère, les autres par le sol. On peut donc diviser les matières alimentaires qui servent à la nutrition des végétaux en deux grandes catégories, les aliments atmosphériques et les aliments terrestres.

Les premiers, au nombre de 4, sont :

L'oxygène.
L'azote.
Le carbone.
L'hydrogène.

Tandis que l'oxygène et l'azote se trouvent dans l'air à l'état pur, les deux autres n'existent que combinés avec l'oxygène, le carbone sous forme d'acide carbonique et l'hydrogène sous forme de vapeur d'eau. Ces quatre substances se rencontrent aussi en grande quantité dans le sol où elles pénètrent soit à l'état de gaz soit à l'état liquide. L'oxygène et l'hydrogène notamment s'y trouvent sous forme d'eau en bien plus grande abondance que dans l'air et sont absorbés par les racines dans une proportion bien supérieure à celle de la vapeur d'eau qui s'incorpore par les feuilles. Malgré cela, on ne saurait les considérer comme des aliments terrestres, car ils viennent de l'atmosphère et ne font pas partie intégrante du sol.

Quoique bien moins nombreux, les aliments atmosphériques forment la presque totalité des végétaux. Ce sont eux qui constituent la partie de la plante qui est détruite par la combustion ; ils s'échappent en fumée et en vapeur et retournent dans l'air d'où ils sont sortis. Le résidu qui reste et qui a résisté à l'action du feu représente la proportion des aliments terrestres, proportion bien faible puisque elle n'est en général que de 3 ou 4 pour cent du poids total. Ce sont les cendres du végétal. On pourrait donc presque dire, suivant l'expression vulgaire, que les plantes vivent de l'air du temps.

Mais la nécessité de ces principes minéraux est telle que, lorsqu'ils manquent, le développement du végétal ne peut avoir lieu. L'abondance d'une récolte, toutes circonstances égales d'ailleurs, est proportionnelle à l'abondance de ces principes dans le sol. Le principal souci du cultivateur devra donc être de fournir à ses cultures toute la quantité **qui leur est nécessaire.**

Chapitre 1ᵉʳ

Carbone, oxygène, azote

Les végétaux trouvent par conséquent dans l'atmosphère la plus grande partie de leur nourriture, et comme ces aliments aériens sont en quantité incommensurable et se renouvellent sans cesse, leur épuisement n'est pas à craindre. Mais si l'agriculteur n'a pas à se préoccuper de fournir de l'oxygène et du carbone à ses récoltes il n'en est pas de même de l'azote. Ce gaz n'est que peu ou point absorbé par la plupart des plantes. Les légumineuses seules ont la précieuse faculté de s'en emparer par un mécanisme encore inconnu, mais dont on est sur le point de découvrir le secret (1). L'agriculteur sera donc presque toujours tenu d'en apporter à ses récoltes sous des combinaisons diverses et en particulier sous forme d'ammoniaque ou de nitrates.

Chapitre 2

Eau

L'eau également, malgré son abondance dans la nature, peut manquer à la végétation et l'homme doit intervenir pour lui en procurer, car, de même que pour les animaux, rien n'est plus nuisible aux plantes que la soif. L'eau est, en effet, le premier et le plus impérieux besoin des plantes. Indispensable pour faire gonfler et germer la graine, sa nécessité s'impose ensuite à tous les moments de la vie végétale. Quand elle fait défaut, la végétation s'arrête et ne tarde pas à s'éteindre ; quand elle est suffisante,

---

(1) Ce secret a été, en effet, découvert par MM. Hellriegel et Wilfarth qui ont démontré que cette absorption a lieu par l'intermédiaire de bactéries lesquelles logent dans des nodosités siégeant sur les racines.

au contraire, les plantes se maintiennent toujours en bon état de santé et de fraîcheur. Non-seulement elle fournit aux végétaux l'hydrogène qui fait partie de leurs tissus, mais encore elle entre en nature dans leur organisme pour une proportion considérable. Elle atteint quelquefois 90 pour cent du poids total et descend rarement au-dessous de 70 centièmes. Ce n'est pas tout ; il s'en exhale à la surface des feuilles des quantités énormes qui, formant un vide dans la plante, doivent être aussitôt remplacées et produisent ainsi un courant continu des racines aux parties vertes lequel ne peut être interrompu sans grand dommage pour la végétation.

Un naturaliste anglais, Hales, a trouvé qu'un chou dont toutes les feuilles réunies ont une surface de 2 mètres carrés transpire, en 12 heures de jour, 580 grammes d'eau, c'est-à-dire plus d'un demi-litre. D'après cela, un hectare de choux espacés de 50 centimètres en tous sens n'exhale pas moins, en 12 heures, de 20,000 kilogrammes de vapeur, poids correspondant à 20,000 litres d'eau. Les célèbres chimistes Lawes et Gilbert ont trouvé que 1 kilogramme de grain de froment correspond à 700 ou 800 kilogram. d'eau évaporée par la plante depuis sa naissance jusqu'à sa maturité. Hellbriegel, en Allemagne, a constaté que la production de 1 kilogramme d'orge exige le passage de 700 litres d'eau au travers des tissus du végétal. Une récolte moyenne de 20 quintaux de grains à l'hectare demanderait donc 1,400,000 litres d'eau, ce qui correspondrait à une épaisseur de pluies de 14 centimètres pendant la période de végétation (1).

---

(1) Grandeau. Revue agronomique du *Temps.*

La production de 1 kilogramme de foin exigerait, d'après Risler, directeur de l'Institut agronomique de Paris, 545 kilogrammes d'eau environ, soit pour une récolte d'environ 5,000 kilogrammes de foin à l'hectare 2,725.000 litres d'eau ou une chute de pluies de 27 centimètres environ de hauteur. L'eau joue donc un rôle tout à fait prépondérant dans la vie des plantes et le plus grand souci de l'agriculteur doit être de leur procurer la quantité qui est nécessaire à leurs besoins.

Les eaux pluviales peuvent dans bien des cas être suffisantes, quand le climat n'est ni trop sec, ni trop chaud, car la quantité qui tombe annuellement est assez considérable pour former une couche d'une épaisseur de 70 à 90 centimètres. Dans le département du Lot, en particulier, elle est de 81 centimètres. Or, nous venons de voir que les exigences de la plupart des récoltes ne dépassent pas une épaisseur de 28 centimètres. Mais il faut remarquer qu'une grande partie disparaît par l'évaporation qui a lieu à la surface du sol, qu'une autre glisse sur les pentes et va s'engloutir dans les cours d'eau, qu'il y en a aussi qui se perd dans certains sous-sols fissurés et caverneux, comme ceux des plateaux de nos causses. D'un autre côté, elles sont en général mal réparties et ne tombent que rarement au moment opportun. Trop abondantes pendant l'hiver et le printemps, elles sont trop rares pendant l'été, alors précisément que les besoins de la plante sont plus considérables et que l'évaporation du sol est plus active. Les récoltes qui sont enlevées avant les grandes chaleurs, comme les céréales et les fourrages, peuvent bien trouver, en général, la quantité d'humidité qui leur est nécessaire ; mais celles d'automne sont presque

5

toujours exposées à souffrir de la sécheresse sous notre climat.

Il résulte de toutes ces causes réunies que, dans notre département, l'irrigation serait très avantageuse pour les plantes qui occupent les champs pendant l'été. Mais comme la configuration du sol s'y oppose presque partout, il ne reste à l'agriculteur d'autre moyen de remédier à ce fâcheux état de choses que d'emmagasiner l'excédent des pluies de l'hiver et du printemps de manière à s'en servir pendant les périodes de sécheresse. Pour cela, il peut, en ce qui concerne les petites surfaces, recourir à des réservoirs, surtout quand le terrain est compact et imperméable ; mais le moyen le plus pratique, dans la plupart des cas, sera de retenir l'eau dans le sol lui-même en lui donnant une perméabilité et une profondeur suffisantes.

Nous avons vu que le sable retient 25 pour cent de son poids d'eau, l'argile 70 et l'humus 190. Mettons pour une terre d'une composition moyenne une faculté d'imbibition de 50 pour cent et un poids de 1400 kilogrammes au mètre cube. Dans une épaisseur de 1 mètre nous pourrons donc retenir 700 kilogrammes d'eau ou 700 litres par chaque mètre superficiel, ce qui équivaut à une couche d'eau pluviale de 70 centimètres de hauteur. Nous aurons ainsi dans un hectare de terre une provision de 7,000 mètres cubes d'eau ou 7 millions de litres. Il serait donc possible dans un pareil sol d'emmagasiner toutes les pluies de l'année et de se mettre à l'abri des mauvais résultats des sécheresses prolongées. On voit par là que nous n'avons pas exagéré quand nous avons établi l'importance de la profondeur du sol, et que l'agriculteur ne saurait faire d'amélioration plus utile que d'augmenter l'épaisseur de sa terre, soit par des défoncements, soit par des terrassements.

SECTION III

Aliments terrestres

Quoique bien plus nombreux que les aliments atmosphériques, puisqu'ils sont au nombre de dix, les aliments terrestres ne forment qu'une très petite partie de la plante, tout au plus 3 ou 4 pour cent de son poids total. Mais, malgré leur minime proportion, ils sont indispensables à la vie des végétaux et il y en a quelques-uns dont la nécessité est telle que leur absence suffit à tenir en échec la végétation, si abondants que soient les autres. Les tissus des plantes sont, en effet, des composés parfaitement définis et à peu près invariables. Si l'un des éléments constituants fait défaut, la combinaison ne peut avoir lieu. De même, pour faire du mortier, il faut 3 éléments : du sable, de la chaux et de l'eau ; que l'un d'eux manque et le maçon sera dans l'impossibilité d'utiliser les autres, quelle que soit la quantité dont il dispose. Le développement de la végétation se fait non d'après le principe qui domine dans le sol, mais, au contraire, d'après celui qui est en moindre quantité. C'est à ce dernier qu'il est subordonné. De là vient la loi qu'on a appelée *loi du minimum*.

Chapitre 1er

Acide phosphorique, Potasse, Chaux

L'agriculture doit dont s'appliquer à fournir aux plantes les principes nutritifs qui leur sont nécessaires et qu'elles ne peuvent trouver dans l'air ou dans le sol. Or, si les aliments atmosphériques sont en quantité illimitée et ne manquent jamais, à l'exception, comme nous l'avons vu, de l'azote et de l'eau, il n'en est pas de même des aliments terrestres.

Leur proportion totale peut bien quelquefois être considérable, mais la partie active, la seule utile, est le plus souvent insuffisante. Elle est rapidement épuisée par les récoltes et comme ces principes ne sont pas renouvelés, ainsi que les principes-aériens, par le jeu des phénomènes naturels, il en résulte que, malgré la faible consommation qu'en font les plantes, l'agriculteur est presque toujours obligé d'en procurer à ses cultures. Il faut cependant en excepter un certain nombre dont l'abondance est assez grande et la restitution par les fumures assez complète pour qu'on n'ait pas à craindre leur épuisement. Mais il en est 3 qui font souvent défaut par suite d'une consommation plus considérable et qu'il est nécessaire d'apporter régulièrement au sol, si on veut en obtenir des produits abondants : ce sont l'acide phosphorique, la potasse et la chaux ; ajoutons aussi quelquefois la magnésie.

Ainsi sur les 4 éléments dont se nourrissent les plantes l'agriculteur n'a guère besoin de leur en procurer que 4 ; un aliment atmosphérique, l'azote, quand le végétal est incapable de s'en procurer lui même et 3 aliments terrestres, l'acide phosphorique, la potasse, la chaux. Ce n'est en somme que 4 ou 5 pour cent du poids total de la récolte dont il est tenu de faire les avances.

Mais ces 4 substances peuvent ne pas manquer toutes à la fois. Il peut y avoir des sols en apparence ingrats dont la pauvreté ne tient qu'à l'absence de l'une d'elles. Ce serait une dépense inutile que de leur fournir les principes dont ils sont suffisamment pourvus. Il suffit de leur apporter l'élément qui leur manque, lequel peut n'avoir qu'une faible valeur commerciale, comme la chaux et l'acide phosphorique. La terre se trouve aussitôt transformée et donne dès lors des produits abondants à peu de frais.

Il importe donc de savoir si ces 4 principes fertilisants se trouvent en quantité suffisante dans le sol ou si quelques-uns font défaut, afin d'être fixé sur ce qu'il y a à faire pour augmenter le rendement des cultures. On peut arriver au but de deux manières : par l'analyse chimique du sol et par les engrais dits analyseurs.

SECTION IV

Composition chimique des sols

CHAPITRE 1er

Analyse chimique

L'analyse chimique fait connaître tous les éléments dont est formé le sol, mais elle ne distingue pas entre la partie active ou assimilable et la partie inerte de chacun d'eux. Il en résulte qu'elle ne peut fournir que des indications approximatives sur le degré de fertilité d'un terrain. Mais, comme elle donne des résultats immédiats et qu'on sait par expérience la signification des chiffres bruts qu'elle indique ; comme, en même temps, elle apprend la constitution physique du sol dont nous avons vu l'importance, c'est elle qui est le plus souvent employée. Du reste, c'était le seul moyen auquel il nous fut possible de recourir dans cette étude.

En rapprochant et comparant des milliers d'analyses on est arrivé à savoir quelles sont les quantités brutes des 4 principes fertilisants nécessaires pour constituer un sol d'une fertilité moyenne. Les proportions généralement admises sont les suivantes :

Azote 1 pour 1000 de terre séchée à 100° ;
Acide phosphorique 1 pour 1000   id.
Potasse 1,5 pour 1000   id.
Chaux 10 pour 1000   id.

A ce compte on a par hectare dans une épaisseur de terre végétale de 20 centimètres pesant en moyenne 2 millions 400 kilogrammes :

Azote	2400 kilogrammes.	
Acide phosphorique	2400	—
Potasse	3600	—
Chaux	24000	—

Si on met en regard de ces chiffres les quantités, enlevées par les récoltes, on sera surpris de l'écart énorme qui existe entre leur consommation et la provision qui doit se trouver dans le sol.

Une récolte de blé de 15 hectolitres, qui représente la production moyenne des bonnes terres dans notre département, ne prélève que les quantités suivantes :

Azote	33 kil.	60
Acide phosphorique	24	00
Potasse	13	00
Chaux	9	60

Une récolte de vin de 15 hectolitres, qui exprime aussi le rendement moyen des bonnes vignes, n'enlève au sol que les éléments suivants, feuilles et sarments compris :

Azote	4 kil.	400
Acide phosphorique	5	500
Potasse	15	400
Chaux	20	500

Il semblerait donc, à première vue, que ces terrains soient capables de donner plusieurs centaines de récoltes consécutives sans apport d'engrais. Mais nous avons fait remarquer que la plus grande partie de ces principes fertilisants n'est pas soluble et ne le devient que très lentement. Or les aliments des plantes, avons-nous dit, ne sont absorbés par elles que s'ils peuvent se dissoudre dans l'eau et pénétrer dans leurs tissus par l'intermédiaire de ce véhicule. Une plante peut donc végéter misérablement dans un sol riche en engrais minéraux, s'il n'y en a pas une suffisante proportion de soluble.

D'un autre côté les racines n'occupent pas, à beaucoup près, toute la masse du sol. Elles peuvent bien absorber les éléments dissous dans l'eau qui les baigne ; mais, comme ordinairement ils sont en quantité insuffisante pour faire face à l'alimentation de la plante, elles sont obligées d'arracher aux molécules du sol les matières nutritives qu'elles peuvent contenir. Pour cela, il faut que leurs poils terminaux soient en contact direct avec les particules terreuses afin de pouvoir les attaquer et les dissoudre. Tout ce

qu'elles ne touchent pas échappe à leur action et
c'est de beaucoup la majeure partie du sol. Leur
pouvoir absorbant ne se fait pas sentir à distance,
annihilé qu'il est par l'attraction puissante que les
molécules terrestres exercent les unes sur les autres
et sur les principes salins répandus au milieu d'elles.

Il faut donc se borner à regarder les terrains qui
ont la composition que nous avons indiquée comme
bien doués au point de vue des matières premières
des récoltes. Ils sont capables de donner des produits
abondants, mais ce n'est qu'à la condition que les
substances enlevées par chaque culture leur soient
restituées intégralement. Sans cette précaution, le sol
ne tarderait pas à s'appauvrir et à perdre sa fertilité
première.

Quant aux terres qui sont insuffisamment pourvues d'un ou de plusieurs de ces principes nutritifs,
non-seulement il faudra leur donner la quantité de
ces éléments nécessaire pour la formation de la
future récolte, mais il sera indispensable de leur en
fournir un excédent d'autant plus fort que le déficit
sera plus considérable. On arrivera ainsi peu à peu
à atteindre le chiffre normal par l'accumulation
lente de ces excédents.

Les proportions des quatre termes de fertilité que
nous avons indiquées n'ont rien d'absolu et tous les
auteurs ne donnent pas les mêmes chiffres. Nous
pensons cependant qu'elles peuvent être considérées
comme vraies pour la plupart des cultures annuelles et pour les terres d'une consistance moyenne que
l'on appelle terres franches. Mais nous sommes porté
à croire que dans les sols siliceux, meubles et perméables la fertilité peut être obtenue avec des quantités moindres, car les racines éprouvant moins de

difficultés à les traverser peuvent aller plus aisément
à la recherche de leur nourriture ; et puis, comme
ces terrains ont une puissance d'attraction molécu-
laire plus faible, ils cèdent plus facilement les principes qu'ils contiennent. Il en serait de même pour
les plantes vivaces, les arbres et la vigne en particulier qui, grâce à leurs racines plus puissantes et plus
étendues, peuvent parcourir un cube de terre plus
considérable et se procurer ainsi les matériaux nécessaires à leur développement, quoique leur proportion fût plus faible.

Par contre, nous admettrions que pour les sols
argileux, compacts, la proportion doit être augmentée, les racines devant trouver sur place ou dans un
rayon très court tout ce qui est nécessaire au développement de la plante à cause des obstacles qu'elles
éprouvent à s'étendre au loin et à leur arracher les
matières fertilisantes qu'ils retiennent avec force.

Ainsi, malgré son incontestable utilité, l'analyse
chimique ne peut donner une idée absolument exacte
de la puissance productrice du sol. On s'exposerait à
se tromper gravement si on voulait juger du degré
de fertilité d'une terre d'après sa composition chimique seule. Nous avons vu l'importance des propriétés physiques du sol, c'est-à-dire de ce que nous
avons appelé l'usine végétale. Comme dans l'industrie, il faut avant tout une bonne usine, si on veut
que les matières premières soient bien utilisées. A
quoi servirait qu'un terrain fut abondamment pourvu en éléments fertilisants, s'ils étaient emprisonnés
dans une argile impénétrable où les racines ne pourraient aller les chercher ? Quel profit en retirerait-
on également dans une terre mince, superficielle où
les plantes ne trouveraient pas l'eau nécessaire à

leurs besoins et mourraient de soif au milieu de cette abondance ? Il faudra donc toujours rapprocher les indications de la chimie de celles fournies par l'étude de la constitution physique quand on voudra apprécier la valeur d'une terre.

Enfin il est probable qu'il n'y a pas seulement des phénomènes physico-chimiques dans le sol, mais qu'il est aussi le siège de phénomènes vitaux qui concourent à la formation des principes nutritifs et par suite à l'alimentation des plantes. MM. SCHLŒSING et MUNTZ ont déjà démontré l'existence d'un petit organisme auquel serait due la production des nitrates.

MM. HELLRIEGEL et WILFARTH ont établi que c'est à des bactéries qu'est due la propriété qu'ont les légumineuses d'absorber l'azote de l'air et que, en répandant ces bactéries sur des sols réfractaires au trèfle, par exemple, on rend cette culture possible. Rien ne prouve qu'il n'y a pas dans la terre d'autres microbes favorables à telle ou telle plante et d'autres défavorables.

On sait aussi que les substances végétales et animales ne peuvent rentrer dans le monde minéral et par suite devenir assimilables que par l'intermédiaire de ferments animés.

La terre serait donc le siège d'une vie intense qui doit avoir sur la végétation une influence considérable. Le jour où l'action de tous ces êtres inférieurs sera connue, il est probable qu'on pourra les faire servir au développement de nos récoltes et les transformer en auxiliaires de l'agriculteur.

On n'a pu expliquer jusqu'ici d'une façon satisfaisante les terres gâtées, ni pourquoi avec les mêmes soins deux terres identiques ne donnent pas toujours les mêmes produits. Ne serait-ce pas parce que, par des façons intempestives ou par le simple jeu des forces naturelles, ces organismes bienfaisants seraient momentanément détruits ou paralysés dans leur évolution ?

Chapitre 2

Analyse des sols par les plantes

Le second moyen d'analyser la terre de manière à savoir ce qu'elle contient et ce qui lui manque au point de vue des besoins des cultures consiste à faire parler les plantes elles-mêmes au moyen des engrais dits analyseurs. C'est un moyen pratique et à la portée de tous les agriculteurs ; mais il demande du soin et de la patience. Il ne fait pas connaître tous les éléments dont se compose le sol, mais il apprend quelle est sa richesse en chacun des quatre termes de fertilité, ce qui est presque toujours suffisant dans la pratique.

Pour l'appliquer, il faut établir sur la terre à analyser six carrés bien homogènes et d'égale étendue. Dans l'un on ne répand aucun engrais pour servir de terme de comparaison ; dans le second on met un engrais complet, c'est-à-dire contenant les quatre principes fertilisants ; dans les autres on place le même engrais d'où l'on exclut à tour de rôle chacun de ses éléments. On a ainsi un champ d'expériences qui comprend les six séries suivantes :

1° Terre sans engrais ;

2° Engrais complet (azote, acide phosphorique, potasse, chaux) ;

3° Engrais sans azote ;

4° Engrais sans phosphate ;

5° Engrais sans potasse ;

6° Engrais sans chaux.

La différence entre la production des carrés 1 et 2 montre l'excédent de production qui est dû à l'emploi de l'engrais complet et permet d'établir le gain qu'il peut y avoir à s'en servir.

Si dans les carrés fumés avec les engrais incomplets il s'en trouve dont le rendement soit inférieur à celui du n° 2, cela prouve que la terre manque de l'élément qui a été exclu du mélange. Si c'est le carré sans phosphate, on saura que le phosphate fait défaut ; si c'est à la fois l'un et l'autre, il faudra donner au sol les deux éléments.

Par contre, qu'il n'y ait pas de diminution de récolte dans un ou plusieurs carrés, cela indiquera que le sol est suffisamment pourvu des principes qui n'avaient pas été mis dans ces carrés et qu'il est inutile de lui en fournir.

Les engrais analyseurs peuvent donc rendre de précieux services à l'agriculteur. A défaut d'analyse chimique, ils suffiront, dans la plupart des cas, pour l'éclairer sur le degré de richesse de son terrain.

SECTION V

Conditions de la terre parfaite et circonstances qui

les réalisent.

Nous sommes désormais fixés sur les conditions que doit remplir la terre arable pour être parfaite tant au point de vue de l'usine végétale que des matières premières, et sur les circonstances dans lesquelles ces conditions sont réalisées. Il importe de résumer les unes et les autres.

Le sol sera suffisamment *consistant* s'il contient quelques centimètres d'argile ou d'humus ;

Il sera *meuble* s'il possède moins de 15 pour cent d'argile et plus de 85 pour cent de sable. Mais la proportion d'argile peut être d'autant plus dépassée qu'il y aura plus d'impalpable calcaire ou d'humus mélangé avec elle ;

Il sera *perméable*, s'il a moins de 25 pour cent d'argile ;

Il sera *frais* si sa profondeur dépasse 60 centimèt.; surtout s'il repose en même temps sur une couche horizontale imperméable ou une nappe d'eau ;

il sera *fertile* s'il contient au moins les quantités suivantes des éléments de fertilité :

$$\frac{1}{1000} \text{ d'azote ;}$$

$$\frac{1}{1000} \text{ d'acide phosphorique.}$$

$$\frac{1,5}{1000} \text{ de potasse ;}$$

$$\frac{1}{100} \text{ de chaux ;}$$

$$\frac{3}{100} \text{ d'humus.}$$

LIVRE SECOND

PREMIÈRE PARTIE

Étude agricole des principaux terrains du département du Lot

Maintenant que nous connaissons toutes les propriétés physiques et chimiques que doit posséder une terre pour être fertile et les diverses causes qui les déterminent, nous pouvons aborder l'étude des analyses de nos sols, car nous sommes désormais en état de comprendre la valeur des indications qu'elles nous donneront et d'en tirer les conclusions pratiques qu'elles comportent.

Mais une grande difficulté se présentait tout d'abord. Les terrains varient à l'infini dans notre région si accidentée. Dans un même champ le sol change plusieurs fois de nature suivant qu'on l'observe à la partie supérieure ou inférieure. La terre des plateaux ne ressemble pas à celle des côteaux, ni celle-ci à la plaine. Fallait-il donc faire des milliers d'analyses ? C'était matériellement impossible. Ou bien devait-on être condamné à ne pouvoir appliquer les données de chaque analyse qu'à une surface restreinte et se priver des avantages des généralisations qui seules devaient permettre de faire profiter le département tout entier d'un travail de cette nature ? C'était manquer le but que nous nous proposions.

Malgré la diversité en apparence infinie de nos terrains il nous a paru qu'il était possible d'établir parmi eux des catégories basées sur une communauté d'origine, de manière à pouvoir appliquer à toute la catégorie l'unique analyse d'un champ représentant autant que possible la moyenne des terres de cette classe.

Ainsi la surface du département est constituée par plusieurs formations géologiques différentes. Il est logique de penser que chacune de ces formations étant le résultat d'une révolution physique de notre globe et se trouvant constituée avec les mêmes matériaux, produits de ce bouleversement, devait avoir, sur toute sa surface, sinon une composition absolument identique, du moins des caractères communs et en quelque sorte un air de famille. Par conséquent, en connaissant l'analyse chimique d'un ou de deux points de chaque formation, il était possible d'appliquer à tout l'étage géologique, avec quelque chance de vérité, les données de cette analyse. Certainement l'assimilation ne sera pas parfaite : les siècles qui ont passé sur ces terres, l'action des eaux et des météores, la culture ont profondément modifié les caractères de chacune de ces enveloppes de notre globe. Les plaines, les bas-fonds se sont enrichis aux dépens des montagnes : ils ont reçu par l'effet des pluies les éléments les plus solubles et les parties les plus fines et les plus légères : les côteaux, au contraire, se sont dépouillés et n'ont conservé que les éléments les plus compacts et les plus durs. Malgré tout, il y aura moins d'écart entre la composition des terres en apparence les plus dissemblables d'une même formation qu'entre des terres de deux formations éloignées.

Mais on comprend que, pour avoir la possibilité de faire ces généralisations dans la mesure indiquée, il faut déterminer d'abord d'une manière exacte chaque formation géologique ainsi que la surface qu'elle occupe. C'était là une nouvelle difficulté, car il ne s'agissait de rien moins que d'établir en quelque sorte la géologie du département.

Pour apporter dans cette étude la rigueur indispensable, nous nous sommes inspiré des travaux des savants qui ont écrit sur la constitution de la croûte de notre territoire et en particulier de ceux d'un ancien ingénieur en chef du Lot, M. de Sainte-Claire, qui fit paraître en 1859 un mémoire remarquable sur la géologie du département.

SECTION I

Coup d'œil sur la géologie du département du Lot

Le département du Lot est situé sur le versant occidental du Plateau central, ce grand massif montagneux qui est comme l'ossature d'une grande partie de la France. Incliné de l'est à l'ouest vers l'Océan Atlantique, il n'a pas moins de 716 mètres de pente, car son point culminant est à 781 mètres d'altitude, sur les confins du Cantal, dans la commune de Labastide-du-Haut-Mont, tandis que son point le plus bas n'est qu'à 65 mètres au-dessus du niveau de la mer, à l'endroit où le Lot quitte le département, dans la commune de Soturac. Cette différence de niveau ne laisse pas que de produire une différence considérable dans le climat et les produits du sol.

Sa surface est fortement accidentée et coupée dans tous les sens par des vallées et des gorges profondes. Le Lot et la Dordogne le traversent de l'est à l'ouest. Creusées à des profondeurs de 100 à 200 mètres leurs vallées décrivent des sinuosités sans nombre et forment à travers l'amoncellement des collines et des plateaux qui constituent notre territoire deux longs rubans d'une grande fertilité, mais d'une faible largeur. De chaque côté débouchent une infinité de vallons et de gorges secondaires qui se ramifient dans tous les sens et dont la plupart sont couvertes de fraîches et riantes prairies qui contrastent singulièrement avec l'aridité des côteaux qui les bordent. Quelques-unes de ces gorges formées par de profondes fissures de la roche calcaire et serrées entre de hautes et puissantes falaises présentent en outre des sites remarquables par leur aspect sauvage et pittoresque.

La constitution géologique du département est très variée et peu de pays possèdent une aussi grande diversité de terrains. On y trouve la plupart des couches qui composent la croûte de notre globe et le géologue qui le traverse de l'ouest à l'est rencontre successivement ces différentes formations depuis celles qui sont relativement récentes jusqu'aux plus anciennes, et peut se livrer à leur étude avec facilité sans de grands déplacements.

Le cataclysme géologique qui a fait sortir des profondeurs de la terre le massif granitique et plutonique du Plateau central a soulevé en même temps les couches qui le recouvraient. Ces couches s'étant fendues pour lui livrer passage se sont redressées d'autant plus qu'elles étaient primitivement plus profondes et ce sont leurs tranches successives qui, ayant été ainsi

6.

mises à jour, forment aujourd'hui la surface de notre département.

On n'y relève pas moins de neuf formations géologiques principales, sans compter les couches secondaires. Ce sont, en commençant par les plus anciennes, les suivantes :

1° Terrains primitifs (granit, gneiss, chistes) ;
2° Lias ;
3° Jurassique inférieur ou Bajocien ;
4° Jurassique moyen ou Bathonien ;
5° Jurassique supérieur et ses diverses couches ;
6° Grès vert ou crétacé supérieur ;
7° Tertiaire moyen ;
8° Diluvium et Sidérolithique ;
9° Alluvions modernes.

Pour permettre de voir d'un coup d'œil la position qu'occupent ces neuf étages, leur étendue et les localités qu'ils comprennent nous avons fait dresser une carte du département où chacun d'eux est représenté par une teinte particulière. Les recherches en seront rendues ainsi plus faciles.

SECTION II

Analyses physico-chimiques des principales formations géologiques du département

Grâce au concours de personnes dévouées à l'agriculture et auxquelles nous sommes heureux d'adresser ici nos remerciements, nous avons pu obtenir un ou deux échantillons de chacun de ces terrains. Nous y avons joint ceux des trois pépinières départementales que le Comité central phylloxérique avait créées sur différents points du département pour étudier et propager les vignes américaines afin qu'on pût saisir, le cas échéant, les causes de la différence de végétation de ces nouveaux cépages dans chacune d'elles, s'il venait à s'en produire.

Ces analyses ont été confiées au directeur du Laboratoire de la Société des Agriculteurs de France, M. Emile Aubin, dont l'habileté et la compétence sont bien connues du monde agricole.

Elles sont réunies dans le tableau A où l'on trouve d'un côté la constitution physique de nos terrains, qui fera connaître les caractères de l'**usine végétale** et de l'autre la richesse en éléments minéraux c'est-à-dire la proportion des **matières premières** contenues dans chaque sol.

Pour qu'on puisse se rendre compte, sans recherches fatiguantes et d'un seul regard, la composition de chaque étage géologique au point de vue des éléments fertilisants, nous les avons figurés dans le graphique B par des lignes plus ou moins élevées, suivant leur proportion plus ou moins grande. A gauche pour l'azote, l'acide phosphorique et la potasse les lignes horizontales représentent des millièmes ; à droite pour la chaux, elles indiquent des centièmes. Les lignes pointillées font connaître la quantité de chaque substance nécessaire pour constituer une terre fertile. Quand les sommets des angles dépassent ces lignes, cela prouve qu'il y a abondance ; quand, au contraire, ces angles n'atteignent pas ces lignes pointillées c'est un signe de pauvreté.

Dans le premier cas le propriétaire n'a besoin, pour maintenir la fertilité première de son sol, que de lui restituer les éléments enlevés par chaque récolte. Le fumier de ferme remplira le but le plus souvent à la condition d'en employer une quantité suffisante avec un faible complément d'engrais minéraux. Dans le second cas, au contraire, il est indispensable que l'agriculteur en apporte du dehors non-seulement la proportion nécessaire aux besoins de ses cultures, mais un excédent d'autant plus fort que le dosage de ses terres sera plus faible, afin d'arriver peu à peu à élever au degré voulu le niveau de leur fertilité.

L'étude de ces deux tableaux fait ressortir plusieurs faits importants qu'il est bon de mettre en lumière.

L'usine végétale serait en général assez bien constituée dans presque toutes nos formations géologiques, si elle ne pêchait pas par un défaut de profondeur, par une déclivité trop prononcée et, conséquemment, par *l'absence de fraîcheur*. Ainsi la plupart de nos sols ont la consistance, la perméabilité et la friabilité nécessaires. Tels sont les terrains granitiques, jurassiques, diluviens et alluvionnaires. Seules certaines terres du lias, du gneiss et du jurassique sont un peu trop compactes ; mais comme l'argile n'y dépasse guère la proportion de 30 pour cent, elles peuvent être ameublies par les façons culturales et les engrais végétaux et devenir très favorables à la culture du blé.

Au point de vue des **matières premières** un grand nombre de nos terrains sont également bien doués. Ce sont le lias, les trois étages du jurassique et les alluvions de nos rivières. Mais les terrains primitifs sont pauvres en acide phosphorique et en chaux ; les terres du diluvium qui ne sont, du reste, formées que de matériaux enlevés aux sols primitifs, manquent à la fois de ces deux éléments et de potasse. Il en est de même de la plupart des champs du crétacé supérieur. Le tertiaire moyen est privé d'acide phosphorique et souvent de potasse.

Chose remarquable et inattendue : la plus grande partie de nos terres manque de chaux. Seul l'étage du miocène en a presque partout un excédent. Dans toutes les autres formations, elle est en faible quantité, même sur certains points du lias et sur la majorité de nos plateaux de l'oolithe inférieure et moyenne que l'on a l'habitude de regarder comme très calcaires. Nos riches alluvions du Lot et de la Dordogne sont également au-dessous du chiffre normal.

Il ne faut cependant pas exagérer les conséquences de cette pauvreté. Non seulement il est facile et peu coûteux d'y remédier par le chaulage et le plâtrage, mais il a été reconnu depuis peu qu'il n'était pas indispensable que le sol contint les quantités énormes jugées jusqu'ici nécessaires.

Un chimiste distingué, M. DE MONDÉSIR, a démontré, en effet, qu'au point de vue de l'alimentation végétale, quelques dix millièmes de chaux suffisaient, quand elle était sous une forme active et assimilable. Or il faudrait qu'il y eut dans le sol bien peu de calcaire, pour que l'humus et les façons culturales ne produisissent pas cette faible proportion de chaux active. Aussi dans notre tableau des proportions des principes nutritifs avons-nous fixé à un centième seulement la quantité de chaux brute nécessaire, alors que plusieurs savants en réclament 10 pour cent.

Pour faire mieux ressortir les caractères agricoles de chacune de nos formations géologiques, leurs propriétés et leurs défauts, nous allons les passer successivement en revue.

CHAPITRE 1er

Terrains primitifs

Ils occupent le nord-est du département sur une superficie de 66.000 hectares environ et forment la totalité du canton de Latronquière et la plus grande partie des cantons de Figeac-nord, Lacapelle-Marival, St-Céré et Bretenoux. Ils se composent surtout de granite, de gneiss et sur quelques points de schistes. Ces roches, en général très dures, se présentent sous forme de masses compactes, sans strates ni fentes. Aussi sont-elles imperméables et les eaux pluviales, ne pouvant se perdre dans les profondeurs du sol, y forment-elles de nombreuses sources et ruisseaux qui donnent à ces terrains beaucoup de fraîcheur quand les pentes ne sont pas trop inclinées et que la couche végétale est suffisamment épaisse.

Malgré leur dureté, ces roches se désagrègent à la longue sous l'influence des agents atmosphériques et donnent naissance à une terre sableuse qui forme le sol de presque toute la partie granitique. Quand l'eau et la gelée ont réduit en petits fragments le granite, l'acide carbonique de l'air attaque ces débris et décompose les silicates doubles d'alumine et de potasse, soude, chaux, qui avec le quartz ou silice constituent cette roche. Il se forme des carbonates alcalins très solubles qui sont enlevés par les eaux pluviales et du silicate d'alumine, qui n'est autre chose que de l'argile, laquelle est également entraînée par l'eau dans les vallées ou les creux des rochers, en sorte qu'il ne reste le plus souvent sur place que des grains de quartz. L'analyse des terrains de Latronquière et de St-Céré montre bien, en effet, qu'ils contiennent beaucoup de silice : 78 à 84 pour cent et même 90 pour cent, si on ne tient compte que de la partie fine et 0,60 à 0,62 pour cent seulement d'argile.

Les sols granitiques sont regardés comme pauvres et maigres et ne produisent guère que de faibles récoltes de seigle, de sarrazin et de pommes de terre.

Mais il est facile de voir, d'après les considérations que nous avons développées, qu'il sera souvent possible de les améliorer et les enrichir à peu de frais.

Que nous apprend, en effet, l'étude de l'analyse physico-chimique de ces terrains ? C'est que, au point de vue physique, ils sont meubles et perméables et que, pour être frais, ils n'ont besoin que d'avoir une profondeur suffisante. Partout donc où la couche de terre est assez épaisse, l'*usine végétale* sera bien constituée et se prêtera à toutes les améliorations.

Que sont ces terrains sous le rapport des matières premières ? Ils sont, en général, riches en potasse, car la décomposition du granite se continuant tous les jours, met sans cesse en liberté de nouvelles quantités de carbonate de potasse. Nous voyons, en effet, qu'il y en a 3 millièmes à St-Céré et près de 5 millièmes à St-Laurent-lès-Tours, alors que 2 millièmes suffisent largement. Mais ils sont pauvres en acide phosphorique et en chaux. L'azote aussi n'atteint pas ordinairement la proportion voulue.

Que devons-nous en conclure ? C'est qu'il faut donner à ces terrains de la chaux, de l'acide phosphorique et de l'azote. Avec ces trois éléments on pourra remplacer le seigle par le blé et augmenter considérablement la production de toutes les récoltes.

La chaux sera fournie par le chaulage ou le marnage. Sur bien des points le chaulage seul a suffi pour permettre la culture du blé et accroître les rendements. Mais en n'apportant aux plantes qu'un de leurs principes nutritifs, tandis qu'il augmente la consommation des autres, le chaulage ne tarde pas à épuiser le sol, si on n'a pas le soin de lui restituer ce qu'il perd par l'enlèvement de chaque récolte.

Il sera donc indispensable d'enrichir en même temps

le terrain d'acide phosphorique et d'azote. Le premier de ces éléments sera donné sous forme de superphosphate de chaux ou de scories de déphosphoration à la dose de 400 kilog. environ ou à l'état de phosphate de chaux brut à la dose de 700 à 800 kilogrammes. L'azote nécessaire sera fourni par l'apport de 200 kilog. de nitrate de soude ou de 150 kilog. de sulfate d'ammoniaque. Ce sera une dépense de 100 fr. au maximum, moyennant laquelle on pourra obtenir 20 à 25 hectolitres de seigle ou de froment et 200 hectolitres de pommes de terre.

Malgré ces fumures minérales, il ne faudra pas négliger celles à l'engrais de ferme ou l'enfouissement des engrais verts, car les matières organiques sont nécessaires pour donner de la consistance et de la fraîcheur à ces sols légers et empêcher leur effritement.

Les prairies naturelles qui se comportent bien, en général, dans les sols granitiques éprouveront également d'excellents effets du phosphate de chaux et leurs produits augmenteront notablement en quantité et en qualité.

Grâce aux engrais phosphatés, le trèfle prospèrera aussi dans beaucoup de terrains où sa culture était impossible et contribuera à leur amélioration en les enrichissant de substances azotées.

Quant à la vigne, elle se plaît dans les terrains granitiques à cause de leur perméabilité et de leur friabilité, pourvu que le sol soit assez profond et que le climat ne soit pas trop rigoureux. Nos cépages y résistent même aux atteintes du phylloxéra plus longtemps que dans les sols calcaires et tout annonce que les plants américains y donneront, dans les mêmes conditions et pour les mêmes raisons, d'excellents résultats.

Chapitre 2

Terrains liasiques

Nous ne parlerons que pour mémoire des roches plutoniques telles que les porphyres et les serpentines, du terrain houiller et du trias dont il existe quelques lambeaux le long du bord occidental du massif granitique, car leur surface est trop peu étendue et leurs débris se trouvent ordinairement mélangés avec ceux des formations voisines.

Mais nous devons nous arrêter sur le lias qui occupe à l'ouest des terrains primitifs une bande dont la largeur varie de 6 à 14 kilomètres et qui mesure une surface de 30,000 hectares environ. Ces terrains sont formés tantôt de grès blancs ou jaunes, tantôt de calcaires plus ou moins compacts et de marnes de différentes couleurs. Ils sont, en général, fertiles et propres à toutes les cultures. Leur composition minérale montre, en effet, qu'ils possèdent en suffisante quantité tous les éléments fertilisants. Ainsi l'acide phosphorique y oscille entre 2,5 pour mille, comme à St-Jean-Lespinasse et 1,8 pour mille, comme dans la pépinière départementale d'Alvignac ; la potasse va de 5 pour mille à 4,3 pour mille, la chaux, seule, en trop petite quantité, varie entre 6 millièmes et 73 millièmes ; quant à l'azote, un peu faible à Saint-Jean-Lespinasse, il dépasse la proportion voulue à Autoire et à Alvignac.

Les terrains du lias peuvent donc être considérés comme bien doués sous le rapport des matières premières. Mais *l'usine végétale* y est parfois défectueuse. Nous voyons, en effet, qu'à St-Jean-Lespinasse et surtout à Autoire la proportion d'argile est trop forte, ce qui rend le terrain compact, tenace et imperméable. Ces défauts seront corrigés par les labours profonds et les façons culturales appropriées qui en diminueront la consistance, par le chaulage qui rompra sa ténacité et par le drainage qui, en enlevant l'excès d'humidité, augmentera la perméabilité.

Malgré ces inconvénients partiels, le lias est très favorable à la culture du froment et à la plupart des légumineuses. La vigne américaine y donnera également de bons résultats partout où la quantité d'argile ne sera pas trop considérable et où la profondeur sera suffisante. C'est avec les alluvions de nos vallées la formation géologique [la plus riche du département. Aussi sa végétation tranche-t-elle d'une manière frappante avec celle des deux formations qui la bordent et s'explique-t-on pourquoi sur certains points on l'appelle *le Limargue*, par corruption sans doute de la Limagne d'Auvergne.

En dehors des améliorations dont nous avons parlé et qui se rapportent à l'usine végétale, il suffira pour maintenir la fertilité de ces terrains de leur restituer les principes qui leur auront été enlevés par les récoltes. En bien des localités même on pourra obtenir de beaux produits, sans un apport important d'engrais extérieurs, par l'emploi presque exclusif du fumier fabriqué dans l'exploitation et par l'usage rationnel des prairies artificielles ainsi que des engrais verts.

CHAPITRE 3

Terrain jurassique ou oolithique

C'est le plus étendu de tous : il occupe à lui seul environ les deux tiers du département et forme ce que nous appelons les Causses, du latin calx, chaux. Il se compose de trois étages qui ont entre eux beaucoup d'analogie. Leur caractéristique c'est d'être constitués par d'immenses bancs de roches calcaires, plus ou moins dures et de couleurs variées, qui sont recouvertes par une mince couche de terre rougeâtre, mêlée à une grande quantité de pierraille.

Ces roches, surtout dans l'étage inférieur et le moyen, sont pleines de fentes, de fissures, de gouffres et de cavernes. Elles sont, par suite, très perméables et ne peuvent conserver les eaux pluviales qui s'écoulent rapidement dans les profondeurs du sol. Aussi ces plateaux se font-ils remarquer par leur sècheresse et leur aridité. Les sources y sont très rares et les cours d'eau qui viennent des terrains granitiques ou du lias ne tardent pas à se perdre presque tous dans les puits naturels ou gouffres dont ils sont couverts et que l'on appelle dans le pays des *clouts*. Ce sont ces ruisseaux qui après de longs trajets souterrains, reparaissent au pied des escarpements de nos principales vallées et forment ces belles et nombreuses sources que l'on voit surgir sur les bords du Lot, du Célé, de la Dordogne et de l'Alzou.

L'étage inférieur du terrain jurassique ou bajocien forme une bande de 3 kilomètres environ de largeur qui s'étend sur tout le bord occidental du lias et se ramifie dans les vallées qui le traversent. Les bancs calcaires dont il est formé s'étant trouvés plus près des roches ignées sont plus dures que dans les autres étages et prennent même parfois l'aspect du marbre. Sa surface comprend 40.000 hectares.

L'étage moyen ou bathonien qui lui succède au couchant traverse tout le département du nord au sud sur une largeur moyenne de 27 kilomètres et occupe environ 190.000 hectares. C'est lui surtout qui forme ces grands plateaux secs et pierreux que l'on appelle causse de Martel, causse de Gramat et causse de Limogne, lesquels ne sont qu'une seule et même formation géologique divisée en trois tronçons par les vallées de la Dordogne et du Lot.

A l'ouest de l'étage moyen se trouve le jurassique supérieur qui occupe une surface à peu près triangulaire dont la base s'étend de Puy-Laroque à Souillac et dont le sommet se trouve dans les environs de Castelfranc. Il mesure 88.000 hectares. Sur plusieurs points les roches de cet étage sont moins dures et plus argileuses que celles des étages précédents ; elles se désagrègent sous l'influence des agents atmosphériques et participent à la formation de la terre végétale.

L'oolithe supérieure est moins fissurée et moins perméable que les deux autres : les sources et les ruisseaux y sont plus nombreux, mais la surface y est plus tourmentée, parce que les érosions y ont été plus puissantes à cause de la dureté moins grande du calcaire. C'était la partie la plus peuplée de vignes avant l'invasion du phylloxéra et qui fournissait les vins les plus renommés du département. Elles sont presque toutes détruites à l'heure actuelle et il est à craindre qu'il s'écoulera bien des années avant que ces côteaux aient recouvré leur ancienne parure de pampres, car le sol y est, en général, trop maigre et trop sec pour la plupart des vignes américaines connues.

Contrairement à ce qui existe dans la plupart des formations géologiques où la couche végétale n'est que le résultat de la désagrégation de la roche sous-jacente, sur le terrain jurassique et en particulier sur les deux premiers étages, par suite de l'inaltérabilité presque complète des bancs calcaires, le sol ne s'est pas formé sur place. Sa composition ne rappelle nullement celle de la roche qui le supporte, car elle est surtout siliceuse, ferrugineuse et peu calcaire. En tous cas, dans l'hypothèse de la formation sur place, il faudrait admettre que l'acide carbonique des pluies et de l'amosphère a décalcifié peu à peu cette terre, ne lui laissant que les principes insolubles dans cet acide. Mais on croit généralement qu'elle a dû être apportée par quelque grand phénomène géologique sur lequel on n'est pas très bien fixé. Certains supposent qu'elle a été produite par d'immenses geysers, espèces de volcans de boue qui ont couvert la surface jurassique et ses nombreuses failles de leurs eaux limoneuses ; d'autres prétendent que c'est un terrain de transport particulier différent du diluvium qu'ils appellent sidérolithique. A cette terre se seraient mêlés plus tard les débris de la roche calcaire qui, sous forme de pierraille, entre pour une si grande part dans la constitution de notre sol jurassique.

C'est probablement aussi au même phénomène que seraient dus ces dépôts de phosphate de chaux que l'on a rencontrés sur plusieurs points du causse de Limogne et de Larnagol et qui ont été exploités depuis une quarantaine d'années, car les parois calcaires des cavités qui les contiennent ont été polies par les eaux.

La composition moyenne de la terre de nos causses est la suivante, non compris le lot pierreux, dont on ne tient pas compte dans les analyses, mais qui forme quelquefois les trois quarts du volume total.

Silice	60
Argile	20
Calcaire	5
Fer	6
Humus et autres matières	9
Total	100

C'est donc une terre bien constituée au point de vue physique et susceptible de former une excellente usine végétale.

Sa composition chimique n'est pas moins favorable. Elle contient, en effet, $\frac{1,3}{1000}$ à $\frac{1,9}{1000}$ d'azote, $\frac{1,5}{1000}$ à $\frac{3}{1000}$ d'acide phosphorique, $\frac{3}{1000}$ à $\frac{5}{1000}$ de potasse. C'est dire qu'elle est bien pourvue en principes fertilisants. D'où vient donc qu'elle se montre si peu fertile sur nos plateaux et que les rendements du causse sont si faibles ? Comment expliquer un fait en apparence si étrange et si en contradiction avec ce que nous apprend la chimie ?

C'est ici que l'on voit bien l'importance prépondérante des qualités de *l'usine végétale*. Considérée sur le tableau A, d'après sa constitution physique, cette usine paraît bien douée ; elle est meuble, perméable, suffisamment consistante ; mais il lui manque une qualité essentielle, c'est la profondeur. Or, sans profondeur, nous l'avons vu, pas de fraîcheur et, sans eau, pas de végétation. La plante meurt de soif au milieu de l'abondance.

La couche végétale du Causse n'a le plus souvent que 10 à 15 centimètres d'épaisseur, ce qui est tout à fait insuffisant. Sur bien des points même elle en a moins encore et les bancs calcaires sont à nu. Non-seulement elle est incapable de retenir dans une aussi faible épaisseur assez d'eau pour faire face à l'évaporation du sol et aux besoins des récoltes pendant les sécheresses de l'été, mais la roche sous-jacente, par suite de sa perméabilité, loin de lui rendre par ascension capillaire les eaux qu'elle en a reçues, tend au contraire à l'assécher continuellement, en la drainant par ses nombreuses fissures; Il en résulte que pendant l'été la végétation souffre et s'arrête même quelquefois complètement. Les cultures, estivales telles que le maïs, les pommes de terre, la betterave, etc., y sont ou impossibles ou très précaires et les céréales n'y réussissent à demi que parce que leur évolution est ordinairement terminée avant l'arrivée des grandes chaleurs.

Tant qu'il pleut tout va bien, grâce à la richesse minérale du sol. L'herbe des pacages pousse rapidement et les troupeaux trouvent une nourriture saine et substantielle. Mais quand la sécheresse arrive, le gazon disparaît avec non moins de rapidité, ne laissant qu'une surface brûlée par le soleil, et les bêtes à laine seraient exposées à souffrir cruellement et à périr en grand nombre si elles n'avaient pas pour les alimenter les feuilles des bois.

Malgré leur précarité, ces pacages sont cependant la fortune du Causse. C'est à eux que nous devons cette belle race ovine, si sobre et si rustique qui est le meilleur et le plus important revenu de la contrée. C'est aussi à eux qu'il faut attribuer les qualités de vigueur, de solidité et de résistance qui caractérisent la race chevaline de Gramat. Les propriétaires du Causse ne sauraient donc trop étendre leurs bois et leurs pacages au détriment de ces champs pierreux et desséchés où les céréales triplent à peine la semence et ne peuvent être pour eux qu'une cause de misère et de ruine.

Chapitre 4

Terrain crétacé supérieur ou grés vert

C'est l'étage supérieur du terrain crétacé que l'on rencontre après le jurassique supérieur en allant vers le Nord-ouest. Il s'étend entre les vallées du Lot et de la Dordogne sur une superficie de 22,000 hectares et forme une partie des cantons de Gourdon, Salviac, Cazals et Puy-l'Evèque. Il est en grande partie recouvert par du terrain sidérolithique. Son sol est en général sablonneux, d'une couleur jaune, rouge ou brune : il est produit par la décomposition des grès que l'on trouve sur presque toute sa surface. Parfois il repose sur des calcaires blancs et tendres qui en se désagrégeant à l'air lui donnent plus de consistance et lui apportent l'élément calcaire.

La surface de cette formation est presque aussi accidentée que celle du jurassique supérieur. Mais elle est plus fraîche et sillonnée de plus de cours d'eau, car la roche y est plus imperméable. Les vallées y sont même parfois marécageuses et on y rencontre quantité de joncs et de plantes aquatiques inconnues dans le terrain jurassique.

Les terres sont généralement pauvres : cependant, grâce à leur fraîcheur et à leur profondeur, leurs produits sont quelquefois assez abondants. L'*usine végétale* s'y trouve souvent dans de bonnes conditions, mais les *matières premières* font défaut. En leur donnant de l'acide phosphorique, de la potasse et de la chaux il sera, dans bien des cas, facile d'arriver aux plus hauts rendements. Une dépense approximative de 100 fr. en engrais chimiques, analogue à celle que nous avons recommandée pour les terrains primitifs, permettra de porter la production du blé à 20 ou 25 hectolitres à l'hectare. Le chaulage y donnera de bons résultats, surtout s'il est appuyé par d'abondantes fumures, et la pratique des engrais verts qui y est facile, en enrichissant le sol de l'azote aérien, contribuera à l'améliorer d'une manière économique et durable.

CHAPITRE 5

Terrain tertiaire moyen ou miocène

Ce terrain occupe la partie Sud-ouest du département sur une étendue de 51.000 hectares. Les cantons de Castelnau et de Montcuq tout entiers et une partie de ceux de Lalbenque et de Puy-l'Evèque se trouvent sur cette formation. Elle appartient à l'étage moyen, dit miocène, du terrain tertiaire et se compose principalement d'argiles marneuses et de calcaires d'eau douce, blancs et terreux, rarement très-durs. La terre végétale participe de la nature du sous sol, et se trouve, par suite, riche en chaux. Le calcaire y varie de 20 pour cent, chiffre des terres de l'Hospitalet à 48 pour cent qui est la proportion des terres du Boulvé. Mais sur quelques crêtes et versants dénudés cette proportion est encore plus forte, tandis que sur certains points qui ont reçu des terrains de transport elle s'abaisse au-dessous du chiffre que nous venons de donner.

Peu de formations géologiques présentent un sol d'une nature et d'une qualité aussi variables. On y trouve tour à tour des terres très légères et des terres très fortes, des surfaces stériles et des champs d'une grande fertilité. Leur richesse en chaux rend beaucoup de ces terrains peu propres à la culture des vignes américaines en général. Le jacquez, le solonis,

7.

et certaines variétés de rupestris sont les seuls cépages susceptibles d'y donner de bons résultats. Mais il y a lieu d'espérer que l'on trouvera dans les familles des Berlandieri, des Cordifolia et des Cinéréa et surtout dans les produits de leur hybridation avec les familles actuellement cultivées des plants aptes à prospérer dans ces terrains (1).

Le miocène est généralement pauvre en acide phosphorique et pas toujours riche en potasse. Il faut donc que l'agriculteur de cette région s'applique à donner ces éléments à son sol. L'analyse chimique indique aussi que l'azote y est rarement en suffisante quantité. Il ne saurait en être autrement dans des terres où, par suite de la grande proportion du calcaire, les engrais organiques sont dévorés avec rapidité. Il est donc indispensable que l'azote leur soit fourni en abondance soit par l'emploi du nitrate de soude ou du sulfate d'ammoniaque, soit par l'enfouissement de légumineuses. Cette dernière opération, que nous recommandons pour tous les sols, sera ici peut-être plus utile que partout ailleurs, en maintenant l'humus que le calcaire tend constamment à détruire.

Dans la plupart des cas, pour la culture du blé, l'agriculteur du miocène pourra se contenter de donner à sa terre, au moment des emblavures, une dose de superphosphate de chaux contenant 35 à 40 kilog. d'acide phosphorique, ce qui lui coûtera au maximum 15 à 20 francs et, au mois de mars, 150 à 200 kilogrammes de nitrate de soude qui augmenteront ses frais de 40 à 60 francs, suivant les cours. Moyennant ce supplément de dépenses de 60 à 70 francs il

(1) C'est en effet ce qui s'est produit. On possède aujourd'hui des Franco-Berlandieri, des Riparia-Rupestris, etc., qui se comportent très bien dans les terrains calcaires.

pourra obtenir de 20 à 30 hectolitres de blé par hectare et tirer un bénéfice de cette culture, alors que le
plus souvent il se trouve en perte.

Quand le froment sera ensemencé sur du trèfle, de
la luzerne, de l'esparcette, ou bien sur une fumure
verte de fèves et de vesces, on n'aura pas besoin de
recourir au nitrate de soude, puisque le sol se sera
enrichi d'azote atmosphérique, et la dépense se bor-
nera dès lors à celle du superphosphate de chaux qui
est bien minime, comme on l'a vu.

Le maïs, qui est une des principales cultures de
cette région, sera traité comme le blé suivant qu'il
viendra sur une fumure verte ou sur engrais de ferme.
Il sera toujours utile de lui fournir de l'acide phosphorique et souvent de la potasse ; mais l'azote
pourra être réduit d'un quart.

Grâce à l'emploi de ces deux principes fertilisants,
azote et acide phosphorique, grâce aussi à la culture
de l'esparcette qui est la providence des terrains secs
et calcaires, cette contrée peut améliorer beaucoup
sa situation et arriver à exporter une grande quantité
de grains.

Chapitre 6

Terrain diluvien

Sur toutes les formations précédentes se trouvent
des lambeaux de terrain diluvien ou *diluvium* et sidérolithique composé de sable quartzeux, d'argile de
différentes couleurs, de gravier et de cailloux roulés.
Notons principalement ceux de Banhac et Montredon
au milieu des granites, ceux de Cressensac, Payrac,
Livernon, Caniac, Corn, Gréalou, Varayre, Beaure-
gard sur les étages inférieur et moyen du jurassique

et ceux plus étendus des cantons de Gourdon, St-Germain, Catus, Salviac, Cazals et Puy-l'Evêque sur le jurassique supérieur et le crétacé. On peut estimer à 25,000 hectares environ la surface qu'ils occupent.

Ces dépôts sont formés de matériaux qui ont été arrachés aux roches primitives du Plateau-Central et transportés sur les régions inférieures par de grands courants diluviens. Ils participent par conséquent de la nature physique et chimique de ces roches. Comme les sols primitifs ils sont pauvres en acide phosphorique et en chaux ; ils sont de plus pauvres en potasse, car dans le transport l'eau leur a enlevé une partie de cet élément. Mais si, au point de vue des *matières premières*, ils sont assez mal doués, par contre *l'usine végétale* y est généralement bien constituée. Beaucoup de ces terrains ont plusieurs mètres de profondeur ; la plupart sont composés de couches alternatives de sable, d'argile et de cailloux roulés dont le simple mélange permet quelquefois d'améliorer notablement les caractères physiques de la terre arable. Quand la silice ou les cailloux roulés dominent, comme c'est la règle, ils sont très favorables au développement des arbres forestiers et surtout du châtaignier qui y atteint parfois d'énormes proportions. La vigne française s'y comportait parfaitement et les plants américains y donnent aussi d'excellents résultats.

D'après ce que nous avons dit des autres formations qui ont de l'analogie avec celle-ci, comme les terrains primitifs et ceux du grès vert, il est facile de voir de quelle manière il faudra traiter les terres arables pour en obtenir des rendements supérieurs. Le chaulage y produira de très heureux effets en les

dotant de l'élément calcaire dont elles sont très peu
pourvues et en facilitant l'assimilation des autres
principes. L'apport annuel de 30 à 40 kilogrammes
d'acide phosphorique et de 20 à 30 kilogrammes de
potasse remédiera au manque de ces deux agents de
fertilité et permettra de compter sur de belles récoltes. L'azote sera fourni par le nitrate de soude à la
dose de 150 à 200 kilogrammes ou par le sulfate
d'ammoniaque à une dose de un quart inférieure, à
cause de sa richesse plus grande. Il pourra aussi
être avantageusement conquis sur l'atmosphère par
les prairies artificielles et les autres légumineuses, telles que vesces, fèves, pois et surtout le lupin
dont l'emploi est trop peu répandu et que nous ne
saurions trop recommander.

En un mot, ce sont des terrains qui, malgré leur
pauvreté primitive, peuvent arriver facilement à un
haut degré de fertilité. Qu'on les compare avec les
alluvions de nos deux grandes rivières. On sera
frappé de leur ressemblance au point de vue physique. Ils n'en diffèrent que par une proportion moindre de principes fertilisants et aussi par la fraîcheur,
car ils occupent en général des plateaux ou des
côteaux, ce qui leur fait perdre plus rapidement l'eau
dont ils se saturent pendant la saison des pluies.
Nous avons vu combien il était facile de corriger
leur pauvreté en éléments nutritifs par l'apport
d'engrais commerciaux. Quant à la fraîcheur, elle sera
obtenue dans une certaine mesure par les labours
profonds et les engrais verts.

CHAPITRE 7

Terrains d'alluvion

La terre des vallées, gorges et ravins s'est formée successivement et se forme tous les jours par les dépôts limoneux qu'y laissent les eaux venant des hauteurs. Elle est la résultante de tous les terrains qui couvrent le bassin hydrographique de chaque vallée. Comme nos deux principales rivières, le Lot et la Dordogne prennent leur origine dans les terrains primitifs et traversent dans le département surtout les divers étages de l'oolithe qui, ainsi que nous l'avons vu, sont peu riches en chaux, leurs alluvions doivent être principalement siliceuses et pauvres en calcaire. Les trois analyses de ces terrains qui se trouvent dans le tableau A montrent, en effet, qu'elles ont ces caractères et présentent surtout, au point de vue de la constitution physique, une grande analogie entr'elles et avec les sols primitifs qui leur ont donné naissance.

D'après M. SAINTE-CLAIRE, l'auteur du mémoire sur la géologie agricole du département dont nous avons parlé, la superficie de toutes les terres d'alluvion peut être évaluée à 12,000 hectares. Ces terrains sont bien doués sous le rapport de *l'usine végétale* et sous celui des *principes fertilisants*. Ils sont à la fois meubles, perméables, frais et fertiles. Comme leur culture est aussi très soignée leurs rendements y sont très élevés. Le blé y atteint de 30 à 35 hectolitres à l'hectare ; le tabac s'y développe avec une merveilleuse vigueur et la vigne qui, avant l'invasion du phylloxéra, tendait à les envahir partout où les gelées n'étaient pas à craindre, y donnait quantité et qualité. Elle y a résisté au terrible puceron jusqu'à ces derniers temps, grâce aux bonnes conditions du sol, mais à l'heure actuelle le vieux vignoble a presque complètement disparu. Les plants américains le remplacent avec succès, car ils y trouvent tout ce qui leur est nécessaire pour une bonne végétation et des produits abondants. Il est même à craindre qu'on n'étende trop ces nouvelles plantations.

Malgré les belles récoltes que l'on obtient sur nos terres d'alluvion, nous pensons qu'on peut encore faire mieux. L'addition d'acide phosphorique à la fumure ordinaire permettra d'obtenir du blé un rendement en grain plus élevé, car il y est sujet à la verse. Le choix de variétés de froment plus productives et surtout plus résistantes à la verse, telles que le blé bleu, le blé rouge de Bordeaux, etc., contribueront au même résultat. Il n'est pas jusqu'au chaulage modéré qui ne puisse dans certains cas produire de bons effets et augmenter la production.

DEUXIÈME PARTIE

———

Coup-d'œil général sur l'Agriculture dans le Département du Lot
Ce qu'elle est, ce qu'elle pourrait être.

———

SECTION PREMIÈRE

Ce qu'est notre Agriculture

———

Nous venons de passer en revue les différents terrains géologiques de notre département, en faisant ressortir leurs caractères agricoles, en montrant leurs défauts et leurs qualités et en indiquant sommairement les meilleurs moyens d'en tirer parti. Nous avons laissé pressentir que sur la plupart d'entr'eux la culture était peu prospère, les récoltes médiocres, mais qu'il était possible, grâce aux découvertes de la science, d'élever dans des proportions considérables les rendements et de substituer l'abondance à la pauvreté. Il importe, croyons-nous, d'établir d'une manière plus précise ce qu'est notre agriculture, les conditions défectueuses dans lesquelles elle s'exerce et ce qu'elle pourrait être en réalisant les progrès qui s'offrent à elle.

Le département du Lot a une superficie de 521,293 hectares qui se décomposent de la manière suivante en chiffres ronds :

Terres labourables	222,500
Près naturels	32,000
Vignes	24,000
Bois et forêts	105,500
Pâturages et pacages	69,500
Friches et terres incultes	50,331
Territoire non agricole	17,462
Total.	521,293

Le tableau ci-dessous fait connaître la production annuelle moyenne du département.

Tableau de la production agricole moyenne du département

NATURE des produits	Superficie	RENDEMENT à l'hectare en hectolitres	quintaux	PRIX des 100 kil.	QUANTITÉS récoltées	VALEUR TOTALE de la récolte
Blé..	79.500	9 hl.6		22 fr.	763.200 hl.	12.974.400 fr.
Méteil..	1.100	10		18	11.000	159.000
Seigle..	11.000	10		17	110.000	1.500.000
Avoine..	18.000	14		18	252.000	2.400.000
Orge.	1.000	12		19	12.000	130.000
Maïs.	25.000	14		17	350.000	4.550.000
Sarrasin..	4.500	12		17	54.000	700.000
Pommes de terre..	20.000		40 q.m.	5	800.000 qt.	4.000.000
Betteraves.	5.000		250	3	1.250.000	3.750.000
Navets et rutabagas	1.200		120	3	144.000	432.000
Choux fourragers..	1.000		80	2	80.000	160.000
Prairies naturelles.	32.000		30	6	960.000	5.760.000
Prairies artificielles	20.000		35	6	700.000	4.200.000
Prairies temporaires.	800		30	6	24.000	144.000
Fourrages verts.	3.500		85	1 50	287.500	441.250
Herbages..	12.000		51	6	180.000	1.080.000
Pacages et pâturages.	60.000		3	5	180.000	900.000
Légumes frais..	400		25	36	10.000	360.000
Légumes secs — haricots.	1.300		6	40	7.800	312.000
Légumes secs — pois..	200		4	25	800	20.000
Légumes secs — fèves..	2.000		6	18	12.000	216.600
Chanvre et lin — grain..	300		5	22	1.500	33.000
Chanvre et lin — filasse.			6	100	1.800	180.000
Châtaignes..				8	120.000	960.000
Noix..				30	100.000 hl.	1.500.000
Pruneaux.				60	500.000 kg.	300.000
Pommes et poires.				12	3.000.000	360.000
Pêches.				14	300.000	42.000
Vigne..				16	300.000 hl	4.800.000
Tabac..				105	2.200.000 kg.	2.310.000
Truffe..				1200	250.000	3.000.000
Fraises.				105	40.000	42.000
Horticulture-pépinières..						350.000
Bois et forêts.						5.000.000
Production animale						21.500.000

TOTAL de la production du département. . . . . 84.665.650 fr.

Ainsi le département récolte annuellement, en ce qui concerne les principales cultures, les quantités suivantes :

Blé.	763.000	hectolitres.
Méteil	11.000	—
Seigle	110.000	—
Maïs.	350.000	—
Avoine.	252.000	—
Vin.	300.000	—
Pommes de terre.	800.000	quintaux métriques.
Foin naturel. . . .	960.000	—
Foin artificiel. . .	700.000	—

D'après les étendues respectives de chacune des cultures portées au tableau ci-dessus les rendements à l'hectare sont donc les suivants :

Blé.	9	hectolitres 60.
Méteil	10	—
Seigle	10	—
Maïs.	14	—
Avoine.	14	—
Vin.	12	hectolitres 50.
Pommes de terre. .	40	quintaux métriques.
Foin naturel.	30	—
Foin artificiel.	35	—

Or, veut-on savoir quels sont les rendements moyens que l'on peut obtenir d'une culture soignée et intensive ? Les voici :

Blé.	25	hectolitres.
Méteil.	25	—
Seigle.	28	—
Maïs	25	—
Avoine.	35	—
Vin.	30	—
Pommes de terre .	120	quintaux métriques.

Foin naturel. . . .   50 quintaux métriques.
Foin artificiel . . .   60   —

On voit l'écart énorme qui existe entre les produits actuels de notre agriculture et ceux auxquels il serait possible d'arriver. Les progrès à réaliser sont donc immenses et, comme une riche récolte ne coûte pas proportionnellement autant qu'une faible, on comprend les importants bénéfices que pourrait retirer le département d'une meilleure culture. Avec les résultats actuels l'exploitation du sol est misérable et ruineuse ; avec les rendements que nous venons de citer elle est rémunératrice et prospère, comme nous le verrons plus loin.

Notre agriculture ne produit pas assez de grains pour la consommation du département.

Mais notre agriculture, telle qu'elle est pratiquée, produit-elle du moins assez pour subvenir à la nourriture de la population et aux autres besoins de la vie ? Pour répondre à cette question, il faut rechercher d'abord si le département récolte la quantité de grains nécessaire à la consommation de ses habitants. Nous avons fait connaître dans le tableau ci-dessus les quantités respectives de chacun des grains alimentaires ; mais la totalité ne peut pas être affectée à la nourriture de l'homme, une bonne partie devant être réservée pour la semence. Or ces cultures absorbent en semences :

Blé. . .	190 litres par hectare,	soit pour	79,500 hectares.	160,050	hectol.
Méteil.	190	—	1,000	—	1,900	—
Seigle .	200	—	11,000	—	22,000	—
Maïs. .	45	—	25,000	—	11,250	—

Il reste donc pour la consommation de l'homme et des animaux les quantités suivantes :

Blé. . . .	763,200	hectolitres moins	160,050	Reste : 603,950	hectolitres
Méteil. .	11,000	—	2,090	— 8,910	—
Seigle. .	110,000	—	22,000	— 88,000	—
Maïs. . .	350,000	—	11,250	— 338,750	—

On peut admettre que le blé et le méteil sont entièrement consommés par l'homme ; mais le seigle et
le maïs qui entraient autrefois pour une proportion
considérable dans l'alimentation humaine sont de
plus en plus abandonnés. Nous estimons cependant
encore à 50.000 hectolitres environ la part du seigle
consacrée à cet usage et à 40.000 celle du maïs. Nous
avons donc pour la nourriture de la population les
quantités suivantes :

Blé.	603,950	hectolitres
Méteil	8,910	—
Seigle	50,000	—
Maïs.	40,000	—
Total. . . .	702.860	hectolitres

Le département du Lot comprend 216,611 habitants,
d'après le recensement de 1906, alors qu'il en comptait 271,514 en 1886. L'immense majorité de la population étant occupée à des travaux durs et pénibles et consommant peu de viande a besoin, pour se
nourrir et réparer ses forces, de faire un grand usage
de pain, car, après la chair des animaux, c'est l'aliment
le plus nutritif. On ne peut pas évaluer à moins de
4 hectolitres de grain en moyenne la quantité nécessaire à chaque habitant. Il y a 20 ans il lui en
fallait 1,086,056 hectolitres ; aujourd'hui il ne lui en
faut plus que 866,444 à cause de la diminution de la
population. Nous n'en avons cependant pas encore
suffisamment, car il ne nous en reste que 702,860
hectolitres disponibles. Le déficit est donc de
163,784 hectolitres que nous sommes obligés d'acheter au dehors.

C'est au blé que l'on s'adresse presque exclusivement pour combler ce déficit, car si le paysan con-
sent à utiliser les grains inférieurs qu'il a récoltés
chez lui tels que le méteil, le seigle, le maïs, quand
sa provision est épuisée et qu'il est obligé d'aller au
marché, il n'achète plus guère que du froment et
cela avec raison. En mettant le blé à 17 francs seule- .
ment l'hectolitre, c'est une somme de 2,804,328 fr.
en moyenne que le département doit dépenser tous
les ans pour compléter sa nourriture en pain. Si on
ajoute à cette dépense les impôts de toute nature
dont il est chargé et qui s'élèvent à la somme de
10,600,000 francs environ, savoir : 4,100,000 fr. pour
les contributions directes, centimes additionnels,
taxes assimilées et prestations, 1,600,000 fr. pour les
droits d'enregistrement et 4,900,000 fr. pour les
contributions indirectes, il faut que les autres produits agricoles lui fournissent les moyens de faire
face non-seulement à ce chiffre énorme de près de
14 millions, mais encore à tous les frais nécessaires
pour le complément de la nourriture, le vêtement,
le logement, l'entretien, les instruments aratoires,
le maréchal-ferrant, les engrais et matières premières, etc., etc.

Les autres produits sont insuffisants pour assurer
l'aisance à la population

Voyons donc ce que peuvent donner les autres
produits agricoles. Tous les grains ainsi que les
pommes de terre qui ne sont pas absorbés par
l'alimentation des habitants sont consommés par les
animaux ; c'est tout au plus s'il s'exporte pour 300.000
à 400.000 fr. d'avoine. D'autre part les fourrages et
racines qui forment dans le tableau de la production

du département un chiffre considérable sont également employés à la nourriture du bétail. Ces produits ne fournissent donc par eux-mêmes aucune ressource en argent ; ils sont transformés en produits animaux et nous verrons tout à l'heure les revenus qu'on en retire. Il ne reste que les produits d'exportation tels que le vin, le tabac, les noix, les pruneaux, la truffe, les fraises et fruits qui rapportent les sommes ci-dessous :

Vin.	5.200.000	francs
Tabac	9.300.000	»
Noix	1.500.000	»
Pruneaux	350.000	»
Truffes.	3.000.000	»
Fruits et fraises . .	100.000	»
	12.650.000	

Mais il convient de déduire de ce chiffre pour la consommation locale environ 1 million sur le vin ; 350.000 fr. sur les noix ; 25.000 fr. sur les truffes ; en sorte qu'il ne reste qu'une somme de 11.300.000 fr., notablement inférieure à celle de 13.400.000 fr. nécessaire pour payer le blé et les impôts.

Les autres revenus qui restent à calculer sont ceux fournis par les animaux domestiques. D'après la statistique du Ministère de l'Agriculture pour l'année 1901 voici comment serait constituée notre population animale.

Espèce chevaline	10,063	têtes
Espèce asine . . .	4,398	»
Mulets.	1,383	»
Espèce bovine . .	65,980	»
Espèce ovine. . .	477,073	»
Espèce caprine . .	16,759	»
Espèce porcine. .	78,310	»

On évalue en général le revenu produit par nos animaux domestiques entre 20 et 25 millions. Nous pensons que le chiffre moyen de 21,500,000 fr. est celui qui se rapproche le plus de la réalité et voici comment nous le répartissons :

Espèce chevaline.	600,000	francs
Anes et mulets.	100,000	»
Espèce bovine.	7,000,000	»
Espèces ovine et caprine	5,300,000	»
Espèce porcine.	6,500,000	»
Basse-cour	2,000,000	»
Total. . . .	21,500,000	»

Mais cette somme de 21.500.000 ne rentre pas tout entière dans la poche du cultivateur ; une partie est consacrée à la consommation locale. On peut admettre que le produit intégral des porcs est affecté à la provision des ménages, ceux de ces animaux qui s'exportent gras suffisant à peine à payer les nombreux porcelets que l'on achète dans les départements voisins.

Sur les produits des autres animaux l'alimentation des habitants prélève environ 2.000.000 fr. sur les bœufs, 2.000.000 sur les moutons et chèvres, et 1.000.000 sur la basse-cour, soit, avec les 6.500.000 fr. de l'espèce porcine, 11.600.000 fr. Il ne resterait donc de ce chef à la population agricole pour faire face à toutes ses autres dépenses que 10 millions en chiffres ronds, et même que 8 millions au plus, en défalquant le déficit de 2,000,000 fr. que nous avons trouvé plus haut à propos des produits végétaux, ce qui représente une moyenne de 37 fr. seulement par personne.

Il est facile de comprendre que cette somme est bien insuffisante et que ce n'est que par des prodiges d'économie et de privations que la plupart de nos cultivateurs peuvent pourvoir à leurs besoins et joindre les deux bouts. Beaucoup même sont dans l'impossibilité d'y parvenir. Aussi n'est-il pas étonnant qu'un si grand nombre cherchent ailleurs une vie plus facile et plus assurée et quittent leur village pour aller dans les grands centres tenter la fortune. Nous avons fait ressortir dans l'*Introduction* les graves conséquences de cette dépopulation de nos campagnes. Il y a un intérêt de premier ordre à ce qu'elle s'arrête avant longtemps. Le principal remède serait l'augmentation des ressources du pays. Or, cette augmentation est possible, comme nous espérons le démontrer. Grâce aux progrès qu'a faits la science agricole, il est permis d'espérer que le département, non-seulement arrivera à produire tout ce qui est nécessaire pour son alimentation, mais augmentera dans une mesure considérable ses produits d'exportation et par conséquent ses revenus, de telle sorte que ses habitants trouvant sur place l'aisance et le bien-être n'auront pas besoin d'aller les chercher au dehors.

Voyons donc comment il faut procéder pour atteindre ce but si important et après avoir établi *ce qu'est* notre agriculture, comme nous venons de le faire, montrons *ce qu'elle pourrait être*, avec l'application des nouvelles méthodes scientifiques.

SECTION II

Ce que pourrait être notre agriculture.

De l'examen auquel nous venons de nous livrer il résulte que nos rendements sont bien inférieurs à

8

ceux qu'on peut obtenir d'une bonne culture, qu'ils
ne sont même pas rémunérateurs et que là est la
cause de l'état de pauvreté et de gêne de notre
population. Les efforts de nos cultivateurs doivent
donc tendre à les augmenter le plus possible. Mais
par quel moyen y parvenir ? Tel est le problème
qu'il s'agit de résoudre.

Personne n'ignore que ce moyen, c'est d'accroître
la fertilité de nos champs par l'emploi de fumures
plus abondantes. Rien ne paraît plus simple au premier abord. Ce moyen cependant ne doit pas être
bien facile à appliquer, puisque nous le voyons si peu
mis en œuvre ou donner si rarement les résultats qui
devraient en découler. C'est que, en effet, il est à peu
près impossible de réussir avec les procédés anciens.
On peut même affirmer que le problème est insoluble, tant qu'on n'abandonnera pas les vieux erre-
ments et qu'on ne changera pas de méthode.

Moyens d'augmenter la fertilité du sol. — Pour
féconder le sol on n'avait autrefois d'autre ressource
que le fumier de ferme. Le cultivateur qui voulait
améliorer sa culture devait donc commencer par
augmenter la production de son fumier. Mais quelles
difficultés pour arriver au but ; quelles opérations
compliquées, quels capitaux, quelles dépenses, quel
temps n'exigeait pas cet accroissement d'engrais !

Ainsi il fallait d'abord créer des prairies, des récoltes fourragères, puis acheter du bétail pour consom-
mer ces fourrages, bâtir des granges et des étables
coûteuses pour loger les animaux et leurs aliments.
Que d'obstacles à surmonter pour chacune de ces
opérations ! Et d'abord la création de prairies soit
naturelles, soit artificielles, la production de racines
fourragères demandent des sols fertiles, frais, pro-

fonds. Or, si on n'a pas des terrains dans ces conditions, il faut commencer par les y mettre. Mais pour les rendre fertiles il faut du fumier ; et c'est précisément pour s'en procurer que l'on veut établir ces prairies. On tourne donc dans un cercle vicieux et il est impossible d'aboutir.

Supposons, au contraire, que l'on soit dans des conditions favorables pour obtenir cette production fourragère indispensable et que l'on n'ait pas à subir cette première difficulté. Il faudra toujours construire les granges et étables nécessaires et immobiliser des capitaux relativement importants et improductifs, puis on devra se procurer le bétail approprié à l'exploitation et courir les chances de mortalité, de baisse, de spéculations malheureuses pour arriver quelquefois à produire ce précieux engrais tant désiré à un prix supérieur à sa valeur intrinsèque.

Le fumier ne suffit pas pour augmenter la fertilité. — Mais du moins, quand tout se sera passé pour le mieux, que l'on aura traversé victorieusement toutes ces épreuves, on se trouvera en possession d'une grande quantité de fumier qui permettra d'augmenter progressivement la fertilité du domaine et l'on marchera vers une ère d'abondance et de prospérité? Il n'en est rien. En multipliant ses animaux on a cru se procurer des machines créatrices d'engrais, c'est le contraire qui se produit. Boussingault a parfaitement démontré que, contrairement à l'opinion générale, le bétail n'est pas producteur mais destructeur d'engrais. Les éléments qui entrent dans la composition de leur corps, dans celle du lait, de la laine ne sont-ils pas, en effet, perdus par le domaine, puisqu'ils sont exportés? Et d'autre part, en ce qui concerne la partie des fourrages qui passe dans le fumier avec les excré-

ments, il est prouvé qu'elle se perd dans la proportion de 25 à 30 pour cent par la fermentation,
l'évaporation, l'entraînement des pluies, etc. Il en
résulte donc que les matières fertilisantes qu'on a
empruntées aux prairies pour enrichir les terres labourables n'arrivent sur ces dernières que fortement
réduites et que l'ensemble du domaine, au lieu de
gagner en éléments de fertilité, va en s'appauvrissant.

Certes cet appauvrissement est quelquefois très
lent et ne devient sensible qu'après plusieurs années.
Il est même possible que, pendant un certain laps de
temps, on réussisse à obtenir des récoltes plus abondantes sur les terres labourables par suite de l'importation de l'engrais fourni par les prairies, car si le
sol de celles-ci est riche, elles peuvent suffire pendant
une longue période à l'exportation des substances
qu'on tire de leur sein. Quand même elles ne contien-
draient que les proportions d'azote, d'acide phosphorique, de potasse et de chaux qui constituent une terre
de fertilité moyenne, c'est-à-dire 1 pour mille d'azote et
d'acide phosphorique, 1,5 pour mille de potasse et 10
pour mille de chaux, elles sont en mesure de faire
face à un grand nombre de récoltes.

Si nous considérons une épaisseur de terre végétale
de 30 centimètres, comme un mètre cube pèse en
moyenne 1200 kilog. nous trouverons, par hectare,
dans les 3.600 tonnes de cette couche de terre : 3.600
kilogrammes d'azote, 3.600 d'acide phosphorique,
5.400 kilog. de potasse et 36.000 kilog. de chaux. Or,
une récolte de foin de 5.000 kilog. n'enlève que 77 kilog.
d'azote, 21 kilog. d'acide phosphorique, 80 kilog. de
potasse et 47 kilog. de chaux. On comprend donc
que les prairies puissent supporter pendant un
certain temps cette perte sans diminution bien

appréciable de leur rendement. Mais si elles ne reçoivent jamais par l'irrigation ou par l'apport d'engrais extérieurs l'équivalent de ce qu'elles ont perdu, elles s'appauvrissent fatalement peu à peu et un jour arrive où leur production diminue d'une manière manifeste et avec elle toutes les autres récoltes.

La culture par le fumier de ferme seul est fatalement épuisante. — La culture de nos pères était donc forcément épuisante et il fallait bien qu'il en fut ainsi pour que leurs vaillants efforts n'aient pas été couronnés de plus de succès, que la productivité de notre sol ne se soit pas davantage accrue et que même sur certains points elle ait diminué. Ce n'est que là où la fertilité est entretenue par l'irrigation, l'alluvion, le colmatage ou l'importation d'engrais commerciaux qu'elle se maintient ou augmente. Partout ailleurs elle est condamnée à disparaître graduellement, comme cela s'est passé dans plusieurs régions célèbres de l'antiquité qui ont joui pendant plusieurs siècles d'une grande prospérité et qui depuis longtemps sont stériles et désertes.

La terre végétale peut être considérée comme une mine plus ou moins riche d'azote, d'acide phosphorique, de potasse et de chaux. L'ancienne agriculture consistait à extraire de cette mine, sous forme de récoltes, le plus de matériaux possible. Les diverses façons que l'on donnait au sol : labours, défoncements, binages, jachères, n'avaient pour but que de favoriser l'absorption de ces principes par les plantes et pour résultat que de précipiter leur épuisement. Le peu de fumier que l'on apportait sur les champs ne pouvait que retarder cet épuisement puisqu'il ne restituait qu'une partie des substances qui leur avaient été enlevées. L'appauvrissement était donc fatal. Ce n'était qu'une question de temps.

Révolution bienfaisante produite par la découverte des engrais chimiques. — Mais aujourd'hui combien la situation est différente. Par la découverte des engrais chimiques c'est une véritable révolution qui est en train de s'accomplir en agriculture. Tandis que l'ancienne, obligée de vivre sur son propre fonds, était dans l'impossibilité d'effectuer la restitution complète des éléments absorbés par les plantes et les animaux et aboutissait par suite à l'épuisement du sol, la nouvelle qui peut faire appel aux substances fertilisantes du dehors, est au contraire améliorante. *La première était en quelque sorte l'art d'épuiser le sol, la seconde est et doit être l'art de l'enrichir, de le féconder pour en obtenir les produits les plus abondants.*

Chapitre 1er

Blé — Céréales

Examinons donc comment il faut procéder pour améliorer notre agriculture et la faire entrer dans cette ère nouvelle que lui ouvre la science. Prenons comme exemple une culture, celle du blé, la plus importante de toutes et qui est déficitaire, comme nous l'avons vu, et cherchons les moyens à employer pour augmenter ses rendements et en tirer le plus de bénéfice possible. Ce que nous dirons à son sujet pourra, du reste, s'appliquer à toutes les cultures et principalement aux autres céréales.

La culture actuelle du blé n'est pas rémunératrice. — Le rendement moyen actuel du froment dans notre département est, avons-nous dit, de 9hl 6 à l'hectare.

Il n'était, il y a 20 ans, que de 8ʰˡ.6. C'est une légère amélioration ; mais elle est encore insuffisante, car avec cette production le cultivateur non-seulement ne réalise aucun profit, mais encore il est en perte, comme nous allons le démontrer. Que coûte, en effet, la culture d'un hectare de blé. Voici le détail :

Loyer du sol.	45 fr.
Frais généraux, impôts, assurance.	20
Frais de culture. . . . . . .'. . . .	45
Semence..	35
Fumure.	60
Récolte, battage, etc.	45
Total.	250 fr.

Ces chiffres ne sont, on le comprend, que des moyennes ; mais ils peuvent être considérés comme représentant assez exactement les frais occasionnés par une récolte de 9 à 10 hectolitres. Or, quelle est la valeur de cette récolte ?

Grain : 9ʰˡ.6 à 17 fr..	163 fr.
Paille : 12 quintaux à 3 fr. 50 les 100 kilog.	42
Total.	205 fr.

C'est donc une perte de 45 fr. environ par hectare. Combien plus forte n'est-elle pas encore quand le rendement est inférieur, comme c'est le cas le plus fréquent. Que le cultivateur qui fait tous les travaux par lui-même puisse subir cette perte, du moment qu'il ne débourse pas un centime, on le comprend à la rigueur. Seulement il ne touche rien par la rente de sa terre, et son travail est moins rémunéré que s'il allait à la journée ou louait ses bras. Mais le fermier, le métayer, le propriétaire exploitant peuvent-ils supporter un déficit pareil tous les ans ? Evidemment non, car c'est la ruine à bref délai. Est-il étonnant, dès lors, qu'on ait de la tendance à quitter une profession aussi ingrate et qu'on cherche dans d'autres carrières une rémunération plus juste de son travail ?

Heureusement que la culture du blé n'est pas, comme nous l'avons déja laissé pressentir, forcément ruineuse et qu'elle peut devenir, au contraire, une source importante de bénéfice. Que l'on augmente, en effet, le rendement, que de 10 hectolitres on l'élève à 15, 20, 25 hectolitres, comme cela se peut facilement aujourd'hui et tout changera de face, car les dépenses nécessaires pour obtenir cet excédent de récolte sont loin d'augmenter en proportion du produit. Parmi les frais qu'exige la culture du blé, les uns sont fixes et en quelque sorte invariables. Citons la rente du sol ; les façons culturales : labour, hersage, émottage, sarclage ; la semence ; les frais généraux, impôts, assurance, etc. Ils sont les mêmes, quelle que soit la récolte, aussi bien pour un rendement de 10 hectolitres ou au-dessous que pour un rendement de 30. Dans le compte que nous venons d'établir ils sont évalués à un minimun de 145 francs.

Les autres frais sont variables, tels ceux relatifs à la fumure, à l'enlèvement et à la manipulation de la récolte. C'est de ces frais, mais surtout de ceux consacrés aux engrais, que dépendent les produits. Si ces frais sont faibles, les produits sont médiocres ; s'ils sont élevés, les produits sont abondants.

Le blé peut donner du profit par l'addition du fumier d'engrais chimique. — Faisons, par exemple, une dépense supplémentaire de 90 fr. en engrais chimiques suivant la formule suivante : nitrate de soude 200 kilogr., acide phosphorique 40 kilogr., potasse 20 kilogr. et voyons ce qui arrivera. Grâce à cet apport de principes nutritifs nous pouvons compter sur une récolte de 20 à 25 hectolitres en moyenne, car cette fumure avec les réserves déjà existantes dans le sol contient largement les éléments nécessaires à la production de cette récolte. Prenons, en effet, le rendement même le plus élevé, 25 hectolitres. Cette récolte contient les principes suivants :

Azote 52 kilogr. — Acide phosphorique 22 kilogr. 50. — Potasse 27 kilogr. 50.

Or voici les quantités fournies au blé :

Par l'engrais chimique	Par les réserves du sol	Totaux
Azote........ 32 kilogr.	16 kilogr.	48 kilogr.
Acide phosphorique... 40 —	11 —	51 —
Potasse...... 20 —	14 —	34 —

La fumure dépasse donc les besoins d'une récolte de 25 hectolitres pour l'acide phosphorique et la potasse ; elle est un peu inférieure pour l'azote. Mais l'expérience a appris qu'il n'est pas indispensable de donner la proportion entière d'azote, les influences atmosphériques et la nitrification en produisant une certaine quantité.

Quel sera maintenant le bilan de la récolte, en ne comptant même que 20 hectolitres pour ne pas être taxé d'exagération :

Frais fixes.................. 145 fr.

Frais variables.. { Fumure 60+90... = 150
{ Moissons et battage 45+10. = 55

Total des frais...... 350 fr.

Sa valeur sera la suivante :

Grain : 20 hectolitres à 17 fr. . . . . . . 340 »
Paille : 26 quintaux à 3 fr. 25 (1) l'un. 84 50

Total du produit. 424 50

Au lieu d'une perte de 45 fr. nous avons donc cette fois un bénéfice de 74 fr. 50. C'est une différence de 119 fr. 50. Il a suffi d'une dépense de 90 fr. d'engrais chimique pour faire réaliser dans l'espace de moins d'un an un bénéfice de 74 fr. 50. Cette avance a rapporté 83 °/₀ d'intérêt.

Si nous faisons le calcul pour une récolte de 25 hectolitres que l'on peut très bien obtenir avec cette fumure lorsque les conditions atmosphériques sont favorables et les soins donnés au blé suffisants, surtout en ce qui concerne l'enlèvement et la destruction des herbes, nous trouverons les chiffres ci-dessous :

Frais fixes. . . . . 145 fr.

Frais variables. . { Fumure 60 + 90 = 150
{ Moissons et battage 45+10+5= 60

Total des frais. . . . . . 355 fr.

La recette sera la suivante :

Grain : 25 hectolitres à 17 fr.. . . . . . . 425 fr.
Paille : 32 quintaux à 3 fr. 25. 104

Total de la recette. . . . . 529 fr.

Ici le bénéfice monte à 174 fr. par hectare. Ce n'est plus seulement 3 °/₀ que rapporte cet hectare dont la valeur foncière est évaluée 1500 fr. c'est 15 °/₀ et l'avance de 90 fr. faite au sol sous forme d'engrais chimiques produit près de 200 pour cent.

(1) Nous n'avons porté qu'à 3 fr. 25 le quintal de paille alors que plus haut nous l'avions côté 3 fr. 50, car plus le grain est abondant plus la paille est forte et grossière et moins elle est bonne pour l'alimentation des animaux.

En donnant une dose plus forte de fumier et d'engrais chimique nous pourrions augmenter encore le rendement et arriver à 30 hectolitres et même plus, et un calcul analogue à celui auquel nous venons de nous livrer ferait ressortir un bénéfice encore plus élevé. Ainsi, *plus on dépense en engrais dans des conditions rationnelles et avec les soins nécessaires, plus grand est le profit.* On peut dire également, comme le proclamait Lecouteux que « *plus on dépense par hectare, moins on dépense par hectolitre.* » (1)

En effet avec un rendement de 10 hectolitres cette unité de mesure coûte $\dfrac{250 \text{ fr.}}{10} = 25$ fr. l'hectolitre.

Avec un rendement de 20 hectolitres le coût est de.............. $\dfrac{350 \text{ fr.}}{20} = 17$ fr. 50 l'hectol.

mais on a la paille pour rien, ce qui équivaut à un bénéfice de 84 fr. 50.

Quand la récolte est de 25 hectolitres la dépense par hectare est de. . . $\dfrac{355 \text{ fr.}}{25} = 14$ fr. 20 l'hectol.

et on a la paille par dessus le marché, soit 104 fr.

En d'autres termes, dépenser par hectare de blé 250 fr. ou, en déduisant la valeur de la paille 208 fr., c'est produire 10 hectolitres de grain et dépenser par hectolitre 20 fr. 80.

Dépenser par hectare 320 fr. ou, en déduisant la valeur de la paille 235 fr., c'est produire 20 hectolitres et dépenser par hectolitre 10 fr. 75.

Dépenser par hectare 390 fr. ou, en déduisant la valeur de la paille 253 fr., c'est produire 30 hectolitres et dépenser par hectolitre 8 fr. 04.

(1) Principes de la culture améliorante.

Pour mieux faire saisir l'intérêt qu'il y a de pousser aux forts rendements par des engrais appropriés, nous avons dressé le graphique ci-contre, qui représente les résultats que l'on obtient suivant qu'on donne pour 60 fr. d'engrais, pour 120 ou 180 fr. et que la récolte est de 10, 20 ou 30 hectolitres à l'hectare, comme le comportent approximativement ces trois fumures.

Les récoltes sont en général proportionnelles à la fumure. — Il ne faut pas croire cependant que, en doublant la fumure, on obtiendra toujours un rendement double et que, en la triplant, la récolte sera triple. Les choses ne se passent pas aussi régulièrement en agriculture. Dans l'industrie donnez à une machine à tisser 100 kilogrammes de laine, elle vous livrera 100 kilogrammes de drap ; donnez-lui en 200, la quantité de drap montera à 200 kilogrammes. Mais la matière première de l'agriculteur, l'engrais, n'est pas le seul facteur de la production, comme la laine dans l'industrie ; il y a des facteurs secondaires tels que la chaleur, l'humidité, certaines conditions atmosphériques et telluriques peu connues qui influent sur le rendement en bien ou en mal suivant qu'ils sont favorables ou défavorables.

Ce qu'il faut retenir c'est que, dans l'ensemble, la production est proportionnée à la fumure, à la double condition qu'on ne laisse pas dévorer l'engrais par les plantes adventices et que la terre soit déjà en bon état de culture, car, si elle est trop pauvre ou épuisée, elle absorbera une partie de l'engrais pour se saturer et n'en restituera qu'une minime fraction à la plante. Mais s'il arrive parfois que la récolte est inférieure au rendement mathématique de l'engrais, dans certaines circonstances favorables elle est supérieure

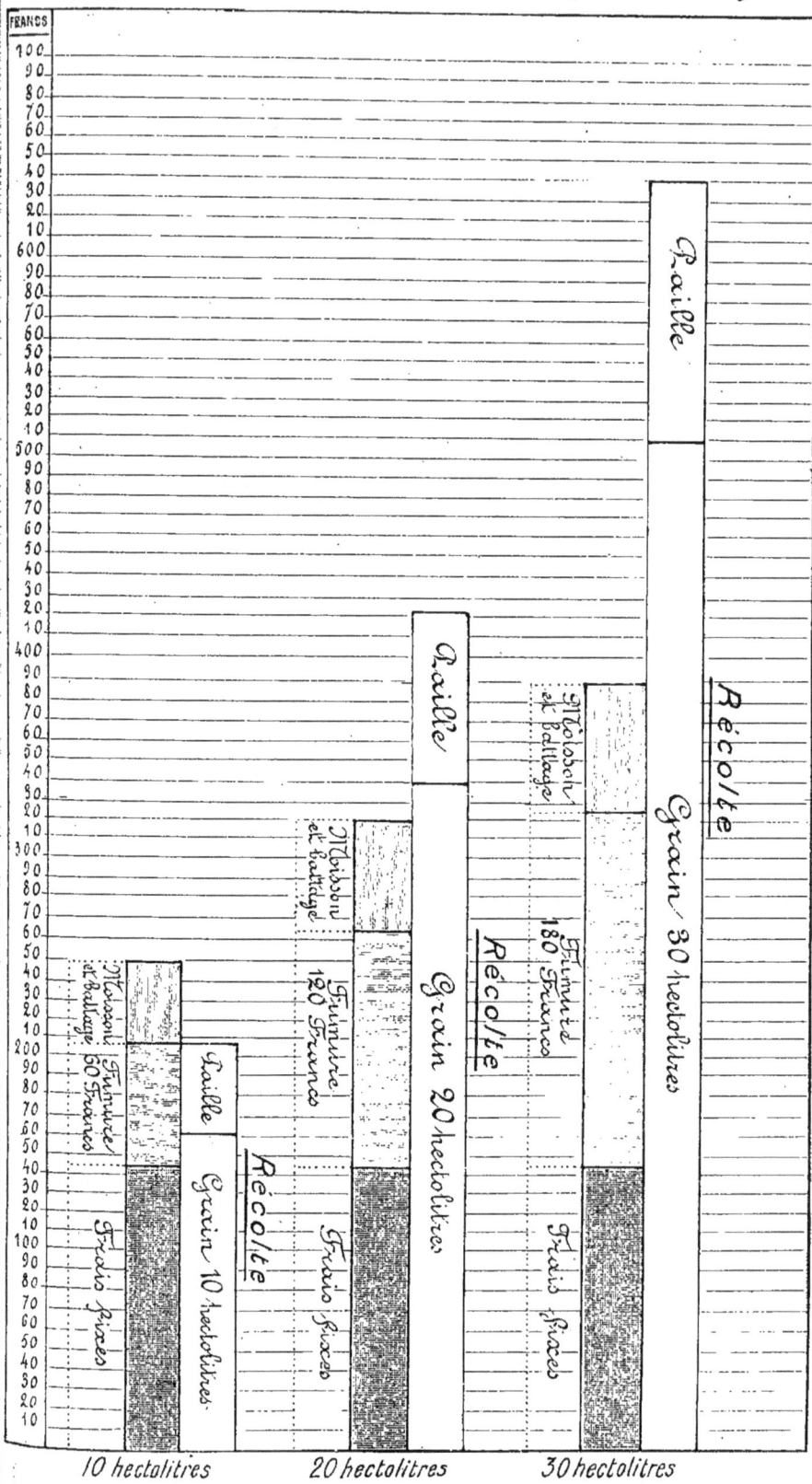

Graphique montrant l'accroissement du bénéfice avec l'augmentation des engrais.

FRANCS

700 / 90 / 80 / 70 / 60 / 50 / 40 / 30 / 20 / 10
600 / 90 / 80 / 70 / 60 / 50 / 40 / 30 / 20 / 10
500 / 90 / 80 / 70 / 60 / 50 / 40 / 30 / 20 / 10
400 / 90 / 80 / 70 / 60 / 50 / 40 / 30 / 20 / 10
300 / 90 / 80 / 70 / 60 / 50 / 40 / 30 / 20 / 10
200 / 90 / 80 / 70 / 60 / 50 / 40 / 30 / 20 / 10
100 / 90 / 80 / 70 / 60 / 50 / 40 / 30 / 20 / 10

Paille

Récolte Grain 30 hectolitres

Mouture et Battage

Fumure 180 Francs

Frais fixes

Paille

Récolte Grain 20 hectolitres

Mouture et Battage

Fumure 120 Francs

Frais fixes

Paille

Récolte Grain 10 hectolitres

Mouture et Battage

Fumure 60 Francs

Frais fixes

10 hectolitres   20 hectolitres   30 hectolitres

et l'affirmation que nous venons d'émettre reste vraie dans la moyenne des cas.

Avantages du semis en lignes. — Pour atteindre plus sûrement les rendements de 25 à 30 hectolitres à l'hectare et au-dessus, il y a un moyen qui a fait ses preuves, mais qui n'est pas connu ou du moins pratiqué dans notre département, c'est de semer le blé en lignes et de le sarcler, car l'écueil des fortes fumures c'est la production d'une grande quantité d'herbes. Il est indispensable de défendre la récolte contre cette végétation parasite qui peut absorber la plus grande partie de la fumure et empêcher le développement normal de la plante. Quand le blé est en ligne, il est facile de détruire cette végétation par de légers sarclages et alors la plante étant seule à profiter de l'engrais dont on a enrichi le sol et recevant de tous côtés l'action bienfaisante de l'air et de la lumière, talle avec plus de vigueur, produit des tiges plus fortes et plus rigides et des épis plus beaux et plus lourds.

Or, étant donné le morcellement de notre sol et l'extrême division de la propriété, cette excellente pratique est à la portée de tous nos petits cultivateurs qui peuvent facilement lui consacrer 50 ou 60 ares, sinon plus, et arriver à obtenir sur cette faible surface tout le blé nécessaire à la famille. Point n'est besoin, comme on pourrait le croire, de faire la dépense d'un semoir mécanique, bien qu'on trouve aujourd'hui chez les fabricants des semoirs à brouette d'un prix peu élevé. Il suffit de tracer le long d'un cordeau avec notre houe triangulaire appelée *fessou*, des petits sillons espacés de 20 à 25 centimètres dans lesquels on dépose le blé à la main. L'économie de semence que l'on réalise paie le surcroît de travail qu'exige ce mode de semis. La seule dépense est celle du sarclage qui n'excède pas 12 ou 15 francs par hectare et, comme il a été reconnu que cette opération faisait gagner 4 ou 5 hectolitres, on voit que le bénéfice est considérable.

Essai d'une culture en lignes au domaine d'Escalié, commune de Saint-Denis-Catus. — On pourrait croire que nos affirmations sont téméraires et que les rendements que nous avons cités sont impossibles dans notre contrée. Or, nous avons voulu nous rendre compte par nous-même des effets des engrais chimiques et de la culture en lignes et voici les résultats que nous avons obtenus sur notre domaine d'Escalié dans une expérience qui remonte à la campagne 1885-1886 et que nous rela-tâmes dans le Bulletin de la Société agricole du Lot de Juillet-Août 1887.

Cette expérience porta sur une surface de 9 ares 60 et sur 3 variétés de blé qui passaient pour être plus productives que le blé barbu du pays : blé bleu de Noë, blé rouge de Bordeaux, Dattel. La surface fut divisée en 3 parcelles égales de 3 ares 20 dans cha-cune desquelles nous ensemençames un de ces blés de la façon que nous venons d'indiquer. Toutefois, au lieu de ne donner aux lignes qu'un espacement de 20 ou 25 centimètres, c'est à 30 centimètres qu'elles furent établies.

La quantité de semence employée fut de 3 kilo-grammes pour chaque blé, soit en tout 9 kilogrammes ce qui correspond à 93 kilogrammes environ à l'hectare. Or, comme on sème en général 150 à 160 kilogrammes, l'économie réalisée aurait été de 55 kilogrammes en moyenne, valant 12 fr. 40, certai-nement supérieure à l'augmentation de main-d'œuvre.

Le champ soumis à cette expérience est composé d'une terre siliceuse, d'une fertilité médiocre, qui avait porté l'année précédente des betteraves fumées à raison de 30 tonnes de fumier à l'hectare. Au mois de mars on répandit une proportion d'engrais complet équivalente à 200 kilogrammes de nitrate de soude, 40 kilogrammes d'acide phosphorique et 30 kilogrammes de potasse à l'hectare dont la valeur à cette époque était de 100 francs et, durant les mois d'avril et de mai, le blé fut sarclé avec soin.

Nous obtînmes les rendements suivants rapportés à l'hectare :

			kilogrammes	hectolitres	quartes de 80 lit.
Blé rouge de Bordeaux	{	Grain. . . .	3.209	40,11	50,02
	{	Paille. . . .	6.108		
Blé bleu de Noë.	{	Grain. . . .	3.090	38,50	48,10
	{	Paille. . . .	6.519		
Dattel..	{	Grain. . . .	3.141	39.25	49,05
	{	Paille. . . .	5.165		

Le blé valant alors 19 fr. l'hectolitre et la paille 3 fr. 25 le quintal métrique nous eûmes, comme rapport total à l'hectare les résultats suivants :

Blé rouge de Bordeaux	{	Grain.	770	»	}	Total.. 968 fr. 50
	{	Paille.	198	50	}	
Blé bleu de Noë.	{	Grain.	741	»	}	Total.. 952 fr. 95
	{	Paille.	211	95	}	
Dattel.	{	Grain.	753	»	}	Total.. 920 fr.
	{	Paille.	167	»	}	

Or, si nous établissons combien cette récolte nous a coûté, nous trouvons les chiffres ci-dessous :

Frais fixes. . . . . : . . ,. 145 fr.

Frais variables. . .

{
Un tiers du reliquat de la fumure précédente, le blé n'absorbant en général que le tiers du fumier qu'on lui donne. Cette fumure valant 300 francs, à raison de 10 fr. la tonne et le reliquat pouvant être évalué 200 fr., le tiers absorbé par le blé vaut. . .   70

Engrais chimiques.   100
Frais de sarclage.   20
Moisson et battage.   60
}

Total. . . . . .   395 fr.

La récolte ayant une valeur moyenne de 950 fr., c'est donc un bénéfice de 555 fr. par hectare. Comme le sol est évalué 1500 fr. l'hectare, le revenu de ce capital ressort à 37 %, et même à 40 % en y comprenant les 3 % de loyer déjà portés aux dépenses. Trouverait-on ailleurs beaucoup d'industries aussi avantageuses?

L'emploi des engrais commerciaux permettra au département de produire plus de blé qu'il n'en faut pour sa consommation. — Certes nous ne prétendons pas qu'on obtiendra souvent ce rendement exceptionnel de 40 hectolitres, ni même celui plus modeste de 25 à 30 hectolitres sur toutes nos terres labourables, car il y en a de trop défectueuses sous le rapport de l'**usine végétale** pour utiliser complètement les engrais qui leur seraient confiés. Beaucoup sont trop superficielles, trop sèches, trop encombrées de pierres et de cailloux. Mais dans toutes celles qui ont au moins 20 centimètres de profondeur et qui possèdent une partie des qualités que nous avons énumérées à propos de la terre parfaite on peut espérer arriver à une production de 20 hectolitres à l'hectare.

Dans cette catégorie nous pouvons faire entrer les 3 premières classes du cadastre. Comme nos terres labourables sont réparties de la manière suivante :

1re classe.	11 %
2e classe.	17 %
3e classe.	31 %
4e classe.	25 %
5e classe.	15 %

les 79.500 hectares consacrés annuellement à la culture du blé comprendraient les surfaces ci-dessous :

1re classe	8.745	hectares
2e classe.	13.515	—
3e classe.	24.645	—
Total. . .	46.905	hectares

A 20 hectolitres par hectare le produit de ces 46.905 hectares serait de 938.100 hectolitres. Mais comme déjà dans la 1re classe il y a une bonne partie dont le rendement est supérieur à 20 hectolitres et ne manquera pas de s'élever encore, nous ne croyons pas exagérer en portant à 25 hectolitres la production moyenne de cette classe. A ce premier chiffre de 938.100 hectolitres il faut donc ajouter cette augmentation qui donne 43.725 hectolitres.

Il nous reste 32.595 hectares appartenant aux deux dernières classes, savoir 20.000 hectares de la 4e et 12.595 de la 5e. Les terres de la 4e classe ne donnent guère actuellement plus de 7 hectolitres en moyenne

9

par hectare. Avec les engrais chimiques ce rendement peut être facilement doublé, car il y a dans cette catégorie beaucoup de terres pauvres au point de vue des **principes fertilisants,** mais assez bien douées sous le rapport de l'**usine végétale** et auxquelles il ne manque que quelques engrais minéraux pour donner des produits abondants. On obtiendrait donc des terres de cette classe, à raison de 14 hectolitres par hectare, un produit de 280.000 hectolitres.

Quant aux terres de la 5e classe nous pensons que la culture du blé ne pourra y être qu'exceptionnellement rémunératrice et que, dans la plupart des cas, le mieux serait d'en faire des pâturages ou des pacages ou de les transformer en bois. Nous ne portons, en conséquence, aucune production de froment à l'actif de cette classe.

Mais, par contre, il convient de faire entrer dans la culture du blé environ le tiers de la surface encore consacrée au méteil et au seigle, car l'emploi des engrais chimiques permettra facilement cette substitution. Ce serait une nouvelle surface de 4.000 hectares à laquelle on peut attribuer le rendement minimum de 14 hectolitres, comme dans la 4e classe, ce qui donnerait 56.000 hectolitres.

Récapitulons tous ces chiffres et nous trouverons :

1re classe. . . .	8.745 hectares à 25hl. .		218.625hl.
2e classe. . . .	13.515 —	à 20 .	270.300
3e classe. . . .	24.645 —	à 20 .	492.900
4e classe. . . .	20.000 —	à 14 .	280.000
Classe supplémentaire .	4.000 —	à 14 .	56.000
Totaux. . .	70.905 hectares		1.317.825hl.

Le département pourrait devenir exportateur de blé.
— Ainsi le département pourrait produire 1.317.825

hectolitres de blé, alors que notre récolte actuelle n'est que de 763.200 hectolitres. Comme la semence nécessaire ne sera plus que de 134.700 hectolitres au lieu de 150.050, puisque la surface emblavée sera moindre, il resterait pour l'alimentation 1.183.125 hectolitres, tandis que nous n'en avions auparavant que 603.950. La consommation locale en absorbant 866.444 hectolitres, nous aurions un excédent de 316.681 hectolit. Mais, comme on continuera pendant longtemps encore à faire entrer dans la nourriture le méteil et une certaine quantité de seigle et de maïs, cet excédent de blé sera augmenté de toute cette quantité. Elle est actuellement de 98.900 hectolitres. Nous aurions donc pour la vente $316.681 + 98.900 = 415.581$ hectotitres, qui, au prix de 17 francs l'hectolitre, feraient une somme de 7.064.877 fr. Comme le déficit actuel est de 2.804.328 fr. cela constituerait un gain de 9.871.205 fr. qui serait de nature à améliorer notablement la situation de la population. Que l'on ajoute à cet accroissement de ressources celui que ne manquera pas de produire l'application aux autres céréales des mêmes procédés de culture et l'on arrivera à un chiffre considérable que l'on peut évaluer au moins à 10.500.000 fr.

Chapitre 2

Plantes sarolées

Il nous serait facile de démontrer qu'on pourra, par l'emploi de fumures intensives, élever également le rendement des plantes sarclées et se rapprocher des chiffres que nous avons indiqués comme représentant les récoltes moyennes susceptibles d'être ob-

tenues dans notre contrée. Toutefois nous devons
établir une différence fondamentale entre les récoltes
du commencement de l'été telles que les céréales :
blé, seigle, orge, avoine et les récoltes d'automne
comme le maïs, la pomme de terre, la betterave, le
tabac. Si les premières arrivent presque toujours à
leur terme sans avoir souffert de la sécheresse par
suite des pluies de l'hiver et du printemps, il n'en est
pas de même des secondes qui, ayant à traverser les
mois d'été, sont exposées à manquer d'humidité et à
subir un temps d'arrêt dans leur végétation.

*Le facteur principal du rendement des récoltes
d'automne, c'est l'humidité.* — Il importera peu
pour ces dernières qu'elles aient à leur disposition tous les principes nécessaires à un fort
rendement, si elles sont privées du premier et du
plus indispensable des éléments nutritifs, c'est-à-
dire d'eau. Pour les récoltes d'automne le principal
facteur de la production ce n'est pas, comme pour
les céréales, l'engrais, c'est l'humidité. Or, si nous
pouvons donner la dose d'engrais que nous voulons,
nous ne sommes pas maîtres de fournir l'eau nécessaire, car malheureusement nous n'avons pas l'irrigation à notre service. *La production ici est absolument subordonnée à l'humidité dont peut disposer
la plante.* Aussi ces cultures d'été sont-elles dans
notre région bien plus aléatoires que les autres. Tandis que pour les céréales il est rare que l'écart dans
le rendement aille du simple au double, pour les
récoltes sarclées les variations sont bien plus grandes et il arrive parfois que, en ce qui concerne notamment la pomme de terre, on ne recueille même pas
la semence. Dans beaucoup de circonstances il y aura
avantage à remplacer la betterave et la pomme de

terre par le topinambour qui est plus rustique et craint moins la sècheresse.

Tous les efforts du cultivateur devront donc tendre à mettre ses cultures d'été à l'abri de la sècheresse et à les placer dans les conditions les plus favorables pour qu'elles aient à leur disposition toute l'humidité nécessaire. La première condition sera de ne se livrer à ces cultures que dans les sols frais et profonds. La seconde consistera à défoncer, fouiller, labourer profondément ces terrains pour qu'ils puissent emmagasiner dans leur masse la plus grande quantité possible des pluies de l'hiver et du printemps. S'il est bon de fournir à ces récoltes des engrais chimiques, il sera encore meilleur de leur réserver le fumier, surtout lorsqu'il est consommé et qu'il se rapproche de l'humus car nous avons vu que cette substance absorbe et garde une grande proportion d'humidité. Enfin il faudra tenir la surface du sol constamment propre et meuble, car l'expérience a appris que binage vaut arrosage. Malgré tout, quelque précautions que prenne le cultivateur, il n'arrivera jamais à autant d'égalité dans la production que pour les céréales et ses prévisions seront souvent déçues.

Importance des labours profonds. — La question des labours profonds, des défoncements est tellement importante que nous croyons devoir rapporter une expérience des plus instructives qui fut faite par M. Grandeau dans son champ d'expériences du Parc des Princes, à Auteuil (1). C'était un terrain abandonné, couvert de genêts, de folle avoine et de chiendent. Sa constitution est silico-argileuse

---

(1) Etudes agronomiques, Tome VII.

et il est pauvre en éléments nutritifs. Il fut défoncé pendant l'hiver 1891-1892 sur une profondeur de 60 à 75 centimètres, et divisé en 16 parcelles de 150 mètres carrés chacune dont la première et la dernière ne reçurent aucun engrais, afin de pouvoir servir de terme de comparaison.

La constitution physique et la composition chimique de cette terre sont les suivantes :

Constitution physique		Composition chimique	
Sable siliceux.	93,40 p. cent.	Azote.	0.680 p. mille.
Argile.	3,20 —	Acide phosphorique.	0.450 —
Calcaire. . . .	1,64 —	Potasse.	0,190 —
		Chaux.	9,200 —

On voit que la constitution physique de cette terre, c'est-à-dire l'**usine végétale** est bonne, mais qu'elle est pauvre en principes nutritifs, c'est-à-dire en **matières premières**, puisque la terre normale doit contenir 1 pour mille au moins des trois premiers éléments. Néanmoins elle a donné sur les parcelles témoins, sans addition de fumier ni d'aucun engrais minéral, les rendements énormes ci-dessous, rapportés à l'hectare :

Année 1892. — Pommes de terre (moyenne). 10.841$^{kgr.}$
Année 1893. — Pommes de terre — . 10.841
Année 1894. — Blé. . . . { Grain. 1.989$^{kgr.}$ 25$^{hl.}$50.
{ Paille. 3.732
Année 1895. — Avoine.. { Grain. 1,289$^{kgr.}$ 28$^{hl.}$
{ Paille. 4.200

Ainsi par le seul fait du défoncement qui a permis aux racines tant des céréales que de la pomme de terre de s'enfoncer profondément pour aller à la recherche de l'humidité et des matériaux qui leur étaient nécessaires, ce terrain pauvre a donné 4 récoltes

successives d'un rendement au moins trois fois plus
élevé que celui qui aurait été obtenu sur un simple
labour. On ne saurait trop méditer cette leçon de
choses si pleine d'enseignements.

Nous devons cependant faire, au sujet des labours
profonds, une recommandation des plus importantes,
c'est de ne mélanger le sous-sol avec la couche végétale que lorsqu'il est de la même nature et qu'il a à
peu près la même composition. Quand on ramène à la
surface un sous-sol pauvre, sauvage, stérile, on s'expose à diminuer considérablement la productivité
de la couche arable pendant plusieurs années. Il faut
dans ces conditions se borner à fouiller, à ameublir
le sous-sol en le laissant en place. Ce ne sera que
plus tard, quand il se sera amélioré par les infiltra-
tions de la couche supérieure, par les débris des
racines qui l'auront parcouru, qu'il y aura utilité de
le comprendre dans le défoncement.

Par malheur cette question des défoncements, des
labours profonds ne se pose qu'assez rarement dans
notre pays. La plus grande partie de nos terre n'ont
pas l'épaisseur nécessaire et les récoltes sarclées
ne peuvent y être qu'aléatoires. Celles de nos côteaux
et notamment du Causse, qui n'ont que quelques centimètres d'épaisseur et qui, de plus, reposent sur des
bancs calcaires fendillés et perméables, sont dans
l'immense majorité des cas impropres aux cultures
estivales. Ce n'est que dans les rares *combes*, cuvettes et dépressions du sol où le terrain s'est accumulé
qu'il peut y avoir avantage à s'y livrer. Partout ailleurs il vaut mieux s'abstenir que perdre son temps
et sa peine à la poursuite de récoltes précaires.

Assolement le meilleur pour les sols superficiels. —
L'expérience, du reste, a depuis longtemps appris

aux populations de cette contrée que les plantes
sarclées ne seraient pour elles qu'une source de
déceptions. C'est pour cela qu'elles ont adopté cet
assolement épuisant et contraire aux prescriptions
de l'agronomie qui consiste à faire revenir indéfi-
niment sur le même sol deux céréales, le blé et
l'avoine, rarement même séparées par une année de
jachère. La raison en est que ces deux plantes arrivent au terme de leur végétation avant les grandes
chaleurs de l'été et sans avoir trop souffert du manque d'eau, pour peu que le printemps soit pluvieux.

Puisque cet assolement, si irrationnel qu'il soit,
s'impose à nos plateaux jurassiques, il n'y a qu'à
chercher à l'améliorer de manière à diminuer autant
que possible ses deux principaux inconvénients qui
sont l'épuisement du sol et son invasion par les herbes
adventices et à élever les rendements minuscules
qu'il donne. Nous pensons qu'on arrivera à cet
heureux résultat en consacrant la troisième année à
la culture des engrais verts. Non-seulement on
détruira les mauvaises herbes en les enfouissant avant
leur grenaison, mais en incorporant au sol une masse
végétale considérable, on l'enrichira de principes
nutritifs et on améliorera à un haut degré ses qualités
physiques. La terre bénéficiera à la fois de l'azote
qui aura été enlevé à l'atmosphère par les légumineuses employées et de l'énorme quantité d'eau qui
sera contenue dans la trame des plantes enfouies et
qui s'élève jusqu'à 80 et 90 pour cent du poids total. En
outre, cet engrais vert aura pour résultat d'augmenter par sa décomposition la proportion d'humus dans
le sol et nous avons vu combien étaient précieuses les
propriétés de cette substance au point de vue de la
fraîcheur de la couche arable. En admettant qu'on

arrive à une proportion de 5 pour cent d'humus, ce qui n'a rien d'exagéré, pour une épaisseur de terre végétale de 15 centimètres, nous aurons 150,000 kilogrammes de terreau par hectare. Comme l'humus retient 190 pour cent d'eau et qu'il absorbe en outre énergiquement l'humidité atmosphérique, on aura en réserve, de ce chef seulement, 300,000 litres d'eau pour les besoins de la végétation. On voit donc tout le parti que l'on pourra tirer de l'enfouissement des engrais verts pour toutes les terres sèches et super-ficielles et l'influence heureuse que cette pratique aura sur les progrès de notre agriculture.

L'assolement qui nous paraîtrait le plus avantageux pour les terres maigres du Causse serait donc le suivant :

1re année : Blé
2e   id   Avoine
3e   id   Engrais verts (vesces et féveroles, farouch)

Les engrais verts seraient semés après l'avoine, au mois de septembre. Ce seraient ordinairement des vesces et des féveroles avec quelques pieds d'avoine ou d'orge pour permettre à la vesce de grimper ; mais, partout où le sol sera siliceux ou peu calcaire, nous conseillerions le farouch ou trèfle incarnat, qui est le plus économique des engrais verts, car sa semence est presque sans valeur et il peut être semé sur le chaume sans labour préalable. Au printemps suivant cet herbage serait enterré à l'époque de la floraison par un bon labour à la charrue à versoir, afin de le recouvrir complètement de terre. Sur ce labour il arrivera souvent que l'on pourra encore semer du sarrasin, soit seul, soit mêlé avec de la moutarde ou du colza, non pour en récolter le grain, mais pour les enfouir avant leur maturité. Le blé viendrait ainsi sur une ou deux fumures vertes, sans préjudice du fumier de ferme dont on pourrait disposer ou du parcage, ce qui assurerait un rendement bien supérieur à celui qui est généralement obtenu.

Entre le blé et l'avoine il sera quelquefois possible, quand l'été sera pluvieux et humide, d'obtenir un nouvel enfouissement de vesces ou de féveroles. De loin en loin également on pourra remplacer ce dernier mélange par du trèfle, qui alors serait semé avec l'avoine et enterré le printemps suivant, ou bien par de l'esparcette qui ne serait labourée qu'après avoir donné une ou plusieurs récoltes de fourrage sec.

De cette manière on pourra arriver, dans la plupart des cas, à corriger le défaut de fraîcheur de nos terres qui est le plus grand obstacle à leur amélioration et à l'augmentation de nos rendements. Ce résultat si avantageux sera même obtenu d'une façon très économique, car l'azote se trouvant fourni gratuitement par les légumineuses enfouies, il ne restera plus qu'à faire les frais de l'acide phosphorique et de la potasse, dont le prix n'est pas très élevé et dont le besoin ne sera pas considérable, car, ainsi que l'indiquent nos analyses, les terres du causse sont généralement bien pourvues de ces deux éléments.

Enfin, sur quelques points, il sera possible d'améliorer la terre végétale d'une manière plus sérieuse et plus durable en augmentant son épaisseur. Cette utile opération ne pourra pas toujours se faire au moyen de défoncements, ce qui serait le procédé le moins coûteux, car sur les plateaux du causse le sous-sol est en général formé par la roche dure qui ne peut fournir de terre végétale et qu'on n'a, par conséquent, aucun intérêt à attaquer. Mais partout où le sous-sol contiendra dans les interstices des rochers une suffisante quantité de terre, il y aura avantage à le rompre et à l'ameublir par le pic et la pioche. De même quand on sera assez heureux pour avoir des *combels* et des bas-fonds dans lesquels la couche aràble est en excès, ou pour rencontrer entre les rochers des cavités et des failles remplies de terre, on se trouvera bien de transporter le superflu sur les parties maigres afin d'en augmenter l'épaisseur. On améliorera ainsi pour toujours l'usine végétale et le capital foncier sera notablement augmenté. Les cultures d'été pourront devenir possibles et les rendements de toutes les récoltes s'accroîtront rapidement.

Chapitre 3

Prairies naturelles et artificielles

Ce que nous avons dit des moyens d'élever le rendement de nos récoltes annuelles peut s'appliquer aussi aux prairies, mais avec cette différence qui est à l'avantage de ces dernières, c'est que pour les légumineuses telles que le trèfle, la luzerne, le sainfoin, les vesces, le farouch, il n'est pas nécessaire de donner de l'azote, puisque ces plantes peuvent puiser dans l'atmosphère celui dont elles ont besoin et qu'il suffit de leur fournir de l'acide phosphorique, de la potasse et de la chaux qui sont les principes les moins coûteux et dont la dépense n'excède pas ordinairement 50 fr. par hectare. On fume cependant très rarement les prairies naturelles, encore moins les prairies artificielles. On croit même qu'elles peuvent se passer en général de toute fumure. C'est une grave erreur, car leurs récoltes enlèvent au sol des quantités considérables de principes nutritifs et elles ne peuvent aller qu'en s'appauvrissant si on ne leur restitue jamais les éléments perdus. Ainsi 1000 kilogrammes de foin naturel contiennent $15^{kgr.}5$ d'azote, $4^{kgr.}3$ d'acide phosphorique, $16^{kgr.}$ de potasse, $9^{kgr.}5$ de chaux. Une récolte de $5.000^{kgr.}$ à l'hectare enlèvera donc $77^{kgr.}5$ d'azote, $22^{kgr.}5$ d'acide phosphorique, $80^{kgr.}$ de potasse et $47^{kgr.}5$ de chaux, c'est-à-dire une proportion beaucoup plus élevée qu'une forte récolte de blé.

Mais dans l'ancienne agriculture il ne pouvait en être autrement. Les prairies avaient, en effet, pour fonction de fournir de l'engrais aux terres labourables. Or, si on leur rendait tout ou partie du fumier qu'elles avaient produit le but était manqué. Au surplus, la fumure des prairies par l'engrais d'étable est une opération très dispendieuse non-seulement à cause de la main-d'œuvre considérable qu'elle exige, mais encore par suite des déperditions importantes d'azote qui se produisent dans l'atmosphère. C'est en outre une fumure illogique, car on n'a pas besoin d'augmenter l'humus des vieilles prairies qui en sont ordinairement très riches et c'est cependant le résultat qui se produit, le fumier se composant presque exclusivement de substances végétales.

Nécessité de fumer les prairies. — Il est indispensable de fumer les prairies comme les autres récoltes ; mais il ne faut le faire qu'avec les engrais minéraux qui n'exigent que le minimum de main-d'œuvre, qui s'incorporent immédiatement au sol et qui le plus souvent peuvent être réduits à l'acide phosphorique, à la potasse et à la chaux. Les prairies naturelles, quoique absorbant moins d'azote atmosphérique que les prairies légumineuses, peuvent le plus souvent se passer de cet engrais. Ce n'est que lorsqu'elles sont encore jeunes et n'ont pas eu le temps de former beaucoup d'humus ou lorsque, au contraire, l'humus étant très abondant empêche la nitrification et par suite l'assimilation de l'azote qu'il contient, que l'apport d'une certaine quantité de nitrate est utile et peut donner des résultats rémunérateurs.

On pourra donc, grâce à l'emploi raisonné des engrais chimiques, accroître nos fourrages dans une proportion importante, ce qui permettra d'augmenter le nombre et la qualité de notre bétail et d'enrichir nos champs par le fumier qu'il produira et le cultivateur par les profits directs qu'il ne manquera pas de donner.

Composition moyenne des récoltes et des engrais. — Ainsi, pour nous résumer, nous dirons que pour faire de la culture rémunératrice il faut arriver à de hauts rendements et que pour obtenir ces fortes récoltes il faut leur fournir tous les éléments dont elles ont besoin. Mais pour savoir la quantité de ces éléments qu'il faut mettre à leur disposition, il est indispensable de connaître, d'un côté, la composition chimique de chaque plante, ses exigences en principes nutritifs et, de l'autre, la proportion de ces principes contenus dans les divers engrais : fumier, nitrate de soude, sulfate d'ammoniaque, phosphate et superphosphate, sels potassiques.

On trouvera ces renseignements dans le tableau que nous donnons à la fin de ce chapitre. Grâce à eux il sera facile de calculer la proportion d'éléments minéraux que contiendra la récolte que l'on se propose de faire venir et, par suite, celle qu'il faudra lui donner sous forme d'engrais. S'il s'agit de fumier, comme la plus grande partie de ses principes ne sont pas immédiatement assimilables et qu'il faut 3, 4 ans et quelquefois plus, suivant la nature du terrain, pour que cette transformation soit complète, il sera nécessaire de fournir une dose 3, 4, 5 fois plus considérable. Mais, comme une fumure aussi copieuse représente une avance énorme qui ne rentre dans la poche du cultivateur qu'après plusieurs années et constitue une perte d'intérêt notable, il est plus avantageux de ne donner en engrais de ferme qu'une partie de la fumure et de la compléter par les engrais minéraux : nitrate, acide phosphorique, potasse.

En ce qui concerne le nitrate de soude, comme il est très soluble et très assimilable, que le sol ne le retient pas et que les pluies peuvent l'entraîner, il ne faut le répandre qu'au moment où il peut être absorbé par la végétation. On se gardera bien par conséquent de l'employer sur les céréales avant l'hiver; on attendra qu'elles soient en pleine croissance c'est à dire au mois de mars ou d'avril. Si la dose employée est de 200 kilogrammes il sera même bon de la répartir en deux fois, à 20 ou 25 jours d'intervalle, car on verra de cette manière les points sur lesquels la première dose a été insuffisante et où il importe de forcer la seconde. On se trouvera bien aussi, pour faciliter l'épandage, de mélanger le nitrate bien pulvérisé avec une poudre inerte ou de peu de valeur telle que sable, plâtre, cendres.

Quant aux superphosphates et surtout aux phosphates bruts, comme ils sont peu solubles, il est préférable de les employer à l'automne, au moment des semailles, soit avant le labour pour l'enterrer profondément, soit, ce qui est préférable, avant le hersage pour le mettre plus a portée des premières racines.

Enfin, pour les engrais potassiques, bien qu'ils

soient très solubles, il n'y a pas d'inconvénient à les répandre en même temps que le superphosphate, car on n'a pas à craindre de les voir entrainés par les pluies, la terre ayant pour eux beaucoup d'affinité et les retenant avec force.

Mais quand il s'agira des céréales de printemps ou des plantes sarclées, ces trois éléments devront être employés au moment du semis ou de la plantation.

Composition chimique des principales récoltes et des

engrais pour 100 parties de substance séchée à l'air.

DÉSIGNATION	AZOTE	ACIDE phosphorique	POTASSE	CHAUX
Blé..	2ᵏᵍʳ.08	0ᵏᵍʳ.79	0ᵏᵍʳ.52	0ᵏᵍʳ.05
Seigle..	1 70	0 92	0 62	0 05
Avoine.	1 76	0 68	0 48	0 10
Maïs.	1 60	0 57	0 37	0 03
Topinambour. . . .	0 32	0 14	0 47	0 03
Pomme de terre. . .	0 34	0 16	0 58	0 03
Betterave fourragère. .	0 12	0 06	0 28	0 03
Tabac. Feuilles. .	2 45	0 66	4 09	5 07
Tabac. Tiges. . .	1 64	0 92	2 82	1 24
Foin.	1 55	0 43	1 60	0 95
Trèfle..	1 78	0 53	2 56	0 56
Esparcette ou sainfoin.	2 21	0 46	1 30	1 68
Luzerne.	2 30	0 53	1 46	2 52
Paille de blé. . . .	0 48	0 22	0 63	0 27
Paille de seigle.. . .	0 40	0 25	0 86	0 31
Paille d'avoine.. . .	0 56	0 23	1 63	0 43
Paille de maïs. . . .	0 48	0 38	1 64	0 49
Fanes de pommes de terre. .	0 49	0 16	0 43	0 64
Feuilles de betteraves.	0 30	0 08	0 25	0 16
Vin et sarments correspondant	1 10	0 30	0 84	2 30
Fumier de ferme consommé.	0 45	0 20	0 50	0 50
Nitrate de soude. . .	15			
Sulfate d'ammoniaque.	20 50			
Phosphastes minéraux.		20 à 30		30
Superphosphates. . .		12 à 18		
Scories de déphosphoration. .		14 à 18		50
Chlorure de potassium.			51	
Sulfate de potasse. . .			49	

CHAPITRE 4

Bétail

Lorsque nous avons traité des prairies et des fourrages nous avons conseillé de les fumer avec les engrais minéraux et d'en élever ainsi les rendements afin de pouvoir augmenter le bétail nourri sur la ferme. Ce n'est pas seulement pour se procurer les profits auxquels peuvent donner lieu les spéculations sur les animaux, mais aussi pour accroître la quantité de fumier, car, malgré la facilité qu'on a aujourd'hui d'employer les engrais chimiques, on aurait tort de négliger l'engrais d'étable qui est indispensable pour le maintien de l'humus et la bonne constitution physique de la couche végétale. Les engrais minéraux ne doivent être considérés dans la plupart des cas que comme des engrais complémentaires venant s'ajouter au fumier, quand il est insuffisant, pour atteindre les forts rendements, ou pour apporter au sol les principes fertilisants qui lui font défaut.

Il importe donc d'obtenir ce fumier au meilleur marché possible. Comme sa valeur intrinsèque est de 10 francs environ la tonne, si les spéculations sur le bétail sont mal conduites, peu ou point lucratives, le prix du fumier s'élèvera au-dessus de ce chiffre dans une proportion plus ou moins importante et viendra diminuer le bénéfice fait sur les récoltes. Moins au contraire le fumier coûtera et plus grand sera le profit de la culture. Or, les règles que nous avons établies pour rendre les récoltes rémunératrices s'appliquent également au bétail.

Nous avons montré que dans la culture de toutes les plantes il y avait des frais fixes, invariables et

10

qu'on ne pouvait obtenir un bénéfice qu'en leur
donnant assez d'engrais pour qu'elles pussent couvrir ces frais par l'augmentation de leur rendement et laisser en outre un excédent. Il en est de
même pour le bétail. Là aussi il y a des frais fixes,
invariables, importants : d'abord la ration d'entretien,
c'est-à-dire celle qui est nécessaire pour entretenir
strictement la vie de l'animal, puis l'intérêt de sa valeur,
le temps de l'homme qui le soigne, l'intérêt et l'amor-
tissement des granges et étables, l'assurance contre
la mortalité, le maréchal-ferrant. Il faut que le bétail
paie au delà de tous ces frais réunis pour qu'il y ait
bénéfice, et ce bénéfice ne peut être obtenu qu'en
dépassant la ration d'entretien en quantité et surtout
en qualité, de manière à accroître le plus possible
les produits que l'on attend de lui : travail, lait,
chair, graisse, laine, etc.

Mieux le bétail est nourri, plus il donne de profit. —
Il y a donc intérêt à connaître ce qui est nécessaire
aux animaux pour leur ration d'entretien, afin de la
dépasser, de même qu'il a été utile d'établir la quantité d'éléments nutritifs contenus dans un quintal de
blé pour la mettre à la disposition de la plante. Il est
reconnu que la ration d'entretien, en foin sec ou en
équivalent de foin sec doit être de 2,5 à 3 pour cent
du poids de l'animal. Pour retirer de cet animal un
bénéfice, il faut donc lui donner un supplément de
ration approprié au but que l'on poursuit, et ce bénéfice sera d'autant plus élevé que ce supplément
sera plus abondant et plus nutritif, dans les limites
compatibles bien entendu avec les facultés digestives
et assimilatrices de l'animal. En d'autres termes,
mieux l'animal sera nourri, plus il se développera et

donnera de produits, plus ces produits seront économiquement obtenus et moins coûtera le fumier. Ainsi il y a le même avantage à pousser à la nourriture intensive des animaux qu'à celle des plantes. Les lois économiques qui gouvernent le règne animal et le règne végétal sont les mêmes.

Chapitre 5

Vigne

Nous reproduisons sans changement l'article sur la vigne tel qu'il figure dans la 1re édition, bien que la situation ait complètement changé depuis cette époque et que l'obscur et difficile problème que présentait alors la reconstitution du vignoble soit aujourd'hui éclairci et résolu. On verra ainsi quelles étaient les préoccupations du monde viticole il y a 20 ou 25 ans, les difficultés avec lesquelles on était aux prises, les craintes que l'on avait sur l'avenir de la vigne et l'on pourra se rendre compte plus facilement des progrès réalisés et du chemin parcouru. Nous ferons connaître à la suite les réflexions que nous inspire l'état présent de la viticulture.

« Nous avons cherché à montrer que le département peut trouver une augmentation de bien-être et de richesse dans l'accroissement de ses cultures annuelles et de sa population animale. Mais il arrivera encore plus facilement au but s'il sait donner une extension suffisante aux cultures arbustives, telle que la vigne, le noyer, le prunier, etc., ou aux cultures accessoires comme le tabac, la truffe, etc. Les produits qu'elles donnent étant livrés à l'exportation ont pour résultat d'introduire du numéraire dans la contrée et sont le point de départ des économies et des petits capitaux de notre agriculture. Il convient donc de dire quelques mots des moyens de les améliorer et d'en tirer le plus grand parti possible.

« En ce qui concerne la vigne, la question n'est pas aussi simple qu'avec les autres plantes. Il ne s'agit pas seulement de rechercher s'il est possible de perfectionner sa culture et d'augmenter ses rendements. Il faut d'abord savoir si elle sera ou ne sera pas. En présence du terrible fléau qui l'a presque partout détruite et des maladies sans nombre qui s'acharnent après elle, on peut, en effet, se demander si elle n'est pas condamnée à disparaître de notre sol. Serons-nous vaincus par tant d'éléments hostiles, ou avons-nous les moyens de leur résister victorieusement ?

« Eh bien ! grâce à l'expérience acquise dans ces dernières années, il est permis d'affirmer que cette incomparable culture sera sauvée d'une destruction complète. Mais ce n'est pas avec nos anciens cépages et nos procédés traditionnels que nos vignobles pourront être reconstitués ; c'est avec de nouvelles espèces de vignes qui nous viennent d'Amérique et qui ont la précieuse faculté de résister aux attaques du phylloxera. Ces plants sont, il est vrai, bien inférieurs aux nôtres sous le rapport de la quantité et de la qualité des produits, mais il est reconnu que, en les greffant avec nos meilleures variétés, on peut en obtenir des vins aussi bons que par le passé. Ils sont aussi bien moins rustiques et ne viennent pas à peu près indifféremment dans tous les terrains, surtout quand ceux-ci sont secs, arides, superficiels. Il faudra donc s'attacher à ne les cultiver que dans les sols qui leur conviennent. Or, pour assurer leur réussite, les sols devront avoir les qualités suivantes : être meubles, perméables, profonds, peu calcaires.

Meubles, pour que les racines s'y développent librement et puissent aller sans difficulté à la recherche de leurs sucs nourriciers.

Perméables, pour que l'eau n'y séjourne pas et que l'air pénètre sans peine dans leurs pores afin d'entretenir la respiration des racines et de favoriser l'assimilation des principes fertilisants.

Profonds, pour qu'ils puissent emmagasiner dans leur masse, pendant les pluies, l'eau nécessaire aux besoins de la vigne durant les périodes de sècheresse et jouir ainsi de la fraîcheur indispensable.

Enfin, *peu calcaires*, pour que les plants n'aient pas à souffrir de la présence du carbonate de chaux qui amène presque fatalement la chlorose, quand il est en excès, et entraîne, par suite, leur rapide dépérissement.

« Par malheur, nous ne sommes pas très favorisés sous ce rapport, car la plupart de nos terrains ne réunissent pas toutes ces conditions. La grande majorité de nos anciennes vignes, toutes celles par exemple qui peuplaient nos côteaux secs et pierreux ne sont pas en état d'être actuellement reconstituées. Les terres qu'elles occupaient manquent de profondeur et, par suite, de fraîcheur. C'est là leur principal et souvent leur unique défaut. Elles n'ont ordinairement que 10 ou 15 centimètres de terre végétale et quelquefois moins encore, alors qu'une épaisseur de 50 centimètres environ serait nécessaire. A part cela, elles seraient assez meubles et assez perméables ; beaucoup même, contrairement à ce que l'on aurait pu supposer, ne se-

raient pas trop calcaires, car, tant que la proportion de
cet élément ne dépasse pas 10 pour cent, il n'y a pas
de grands inconvénients pour la vigne américaine. Or,
nous avons vu que la plupart de nos terrains jurassiques n'arrivaient pas à ce chiffre. Ce n'est que dans
les cantons de Lalbenque, de Castelnau et de Montcuq
que l'on trouve le plus de sols impropres aux nouveaux cépages par excès de carbonate de chaux.

« La grande préoccupation du viticulteur devra donc
être de donner à ses vignes une profondeur de terre
suffisante. Tous ses efforts devront tendre à ce but,
car, c'est en définitive, dans la plupart des cas, la
seule difficulté de la reconstitution de nos vignobles.

« Sur bien des points il sera possible d'arriver à
l'épaisseur voulue par des défoncements suffisamment
énergiques ; sur d'autres où la roche est fissurée et
traversée par des filons de terre, il est probable qu'on
pourra se passer d'une profondeur de 50 centimètres.
Mais partout où l'on ne trouvera pas soit dans le sous-
sol, soit dans des cavités ou des bas-fonds de quoi
créer une couche végétale suffisante, il vaudra mieux
renoncer pour le moment à la culture de la vigne.
Cependant, même dans ces circonstances défavorables, il y aurait encore moyen d'arriver au but, mais,
il faut le dire, avec de plus grands frais. Ce serait de
superposer une couche sur l'autre en dénudant une
partie de la surface. Comme les bourrelets de
terre ainsi formés pourraient être entraînés par la
ravine, il serait bon de les encaisser dans la roche
ou de les retenir par de petits murs transversaux.
Le premier de ces deux moyens nous paraît bien plus
avantageux et nous le recommandons de préférence,
quand la roche sous-jacente sera friable et facile à
extraire.

« Voici comment on pourrait procéder. On creu-
serait en travers de la pente des tranchées parfaitement de niveau auxquelles on donnerait au moins
50 centimètres de profondeur sur 1 mètre et plus de
large. Ces tranchées seraient espacées de 5 à 10 mètres
suivant le plus ou moins d'épaisseur de la couche
végétale. Toute la terre comprise entre ces tranchées
serait accumulée dans ces dernières, autant que possible à jet de pelle, afin d'agir plus économiquement,
et les pierres qui en auraient été extraites seraient
mises en cordon au milieu de l'intervalle. On créerait
ainsi artificiellement des bandes de terre où la vigne
américaine trouverait les conditions nécessaires à son
développement. La fraîcheur, ce besoin capital de la
nouvelle viticulture ne lui ferait pas défaut, car les
eaux pluviales qui tomberaient sur la roche nue des
intervalles se réuniraient dans ces fossés et s'y emma-
gasineraient jusqu'aux chaleurs. Elles y entraîneraient
en même temps les principes fertilisants qu'elles
auraient puisés dans l'atmosphère ou recueillis sur
les flancs de la montagne. Les façons culturales
seraient réduites à la faible largeur des bandes de
terre, car la nudité des intervalles rendrait à peu près
impossibles les végétations parasites. La ravine elle-
même, qui est le fléau de ces pentes, serait en grande
partie empêchée par cette disposition, la terre se
trouvant retenue dans les excavations de la roche.
Nous ne saurions donc trop engager les propriétaires
de côteaux à essayer ce mode de plantation qui nous
paraît le seul capable de rendre à la vigne ces friches
improductives.

« Mais il ne faut pas croire que tous nos terrains
sont aussi ingrats et exigent de pareils frais pour être
remis en vignes. Il existe dans le département une

assez grande étendue de sols propres à la vigne américaine pour nous permettre, sinon de reconstituer une étendue égale, du moins d'arriver à notre ancienne production. Ces terrains se rencontrent surtout dans les alluvions de nos deux principales vallées, dans les dépôts siliceux et caillouteux du diluvium et du sidérolithique, sur quelques points des sols primitifs et sur toutes les autres formations géologiques, partout où la terre a une cinquantaine de centimètres de profondeur et n'est ni trop argileuse ni trop calcaire. Nous estimons à 40.000 hectares au moins les terres de cette nature. Ce n'est guère que la moitié de la surface qu'occupaient nos anciennes vignes ; mais comme les nouvelles plantations se trouveront dans des conditions plus favorables et recevront des soins mieux entendus, comme, du reste, la greffe favorise la fructification, il est infiniment probable qu'on arrivera à la même production totale que par le passé.

« Le rendement moyen de notre vignoble n'était que de 8 hectolitres à l'hectare, tandis que dans plusieurs départements il arrivait à 40 ou 50. Nous étions donc loin des rendements possibles, et comme il suffit de porter à 15 hectolitres environ le produit de l'hectare pour obtenir le chiffre de l'ancienne récolte départementale, on voit que le but peut être atteint sans de trop grandes difficultés.

« Du reste, il n'est pas sûr que la vigne reste bannie à tout jamais de nos terres calcaires et de nos maigres côteaux. On est à la recherche de nouveaux cépages pouvant s'adapter à ces terrains, et, si on ne les trouve pas dans les forêts du Nouveau-Monde, tout fait espérer qu'au moyen de l'hybridation entre les espèces américaines, ou bien entre celles-ci et les nôtres, on arrivera à créer des variétés qui auront les qualités voulues et viendront remplir la regrettable lacune que nous avons constatée.

« En attendant, il faudra s'appliquer à multiplier ceux des plants américains connus qui ont fait le mieux leurs preuves de résistance au phylloxéra et d'adaptation à nos terrains. Les espèces qui jusqu'ici ont donné les meilleurs résultats sont, parmi les portegreffes : le riparia dans ses formes à feuilles larges, certaines variétés de rupestris également à feuilles larges et à sarments étalés, l'york-madeira, le vialla, le solonis, et parmi les producteurs directs ; le jacquez et l'herbemont.

« Certes, il s'écoulera encore un grand nombre d'années avant qu'on ait la satisfaction de revoir nos côteaux recouverts de leur parure de pampres et le pays retrouvant dans cette incomparable source de revenus son aisance passée. C'est une œuvre qui demandera beaucoup de temps et exigera une somme énorme de travail et de capitaux. Mais notre vigneron est sobre, laborieux, intrépide. Rien ne l'arrête quand il a la certitude de trouver, au bout de ses peines, une juste rémunération. Qu'il lui soit donné de goûter de nouveau à la jouissance de remplir ses premiers tonneaux et son ardeur à poursuivre la reconstitution de ses vignes ne connaîtra plus de bornes. »

Le problème de la reconstitution des vignes est aujourd'hui résolu. — Ainsi, il y a 20 ans, on était surtout préoccupé de l'adaptation des vignes américaines à nos sols généralement si ingrats et qui paraissaient leur être peu favorables et l'on hésitait à planter dans la crainte d'un échec ruineux. On se demandait également si nos vignes greffées sur les plants américains feraient bon ménage avec eux, si la quantité et la qualité de la production n'en seraient pas affectées, si leur durée serait suffisante pour permettre d'amortir le capital engagé.

Aujourd'hui la question de l'adaptation au terrain a perdu son importance primitive ; on a trouvé ou créé par l'hybridation des variétés plus rustiques, moins difficiles sur le choix de terrain, prospérant un peu partout et craignant même moins le calcaire que nos anciens cépages. Tels sont le rupestris du Lot, le 1202, le 3309, et surtout les hybridations de Berlianderi avec le Riparia ou avec certaines de nos variétés : 41 B chasselas-Berlianderi, 422 A Chenin-Berlianderi, 19-52 et 19-62 Malbec-Berlianderi.

On est fixé sur les conséquences du greffage au point de vue de la quantité et de la qualité qui n'ont pas été sensiblement modifiées. On l'est aussi sur la durée des vignes greffées, car on en voit qui datent des premiers temps du greffage et comptent plus de 30 ans d'existence. En ce qui nous concerne nous en avons qui sont plantées depuis 31 ans et qui ne manifestent encore aucun signe de fléchissement, bien qu'elles soient établies sur des portes-greffes relativement médiocres et peu cultivés actuellement : le vialla et l'york-madeira, tandis que le riparia, si vanté au début, décline sur certains points depuis quelques années.

Notre vignoble départemental s'est accru dans une proportion importante. De 16.000 hectares épuisés ou mourants il est monté à 24.000 hectares vigoureux et productifs. Il peut doubler facilement de superficie et la production totale atteindre, comme autrefois, 600.000 hectolitres. Le rendement, qui n'était en moyenne que de 8 hectolitres à l'hectare avant le phylloxera, s'est élevé à 14 ou 15 et augmentera encore si on emploie avec discernement les engrais chimiques.

Mais il faut éviter de tomber dans l'abus. Personne n'ignore, en effet, qu'une trop grande vigueur non-seulement nuit à la qualité du vin mais parfois même à la quantité, en favorisant la coulure à laquelle notre auxerrois est si sujet. De plus, les maladies cryptogamiques sévissent davantage quand la végé-tation est trop luxuriante. Il convient donc de ne pas dépasser une certaine mesure, variable suivant les sols et les cépages.

Quant à la qualité elle ne paraît pas avoir souffert du greffage, là du moins où l'on a continué de cultiver notre ancien et meilleur cépage, l'auxerrois et sa variété le plant de Mérau. Nos vins ont conservé la richesse en alcool, couleur et bouquet qui avait fait leur réputation. D'après les analyses auxquelles la Société Agricole du département a fait procéder par le laboratoire de Cahors sur de nombreux échantillons des années 1904, 1905 et 1906 la plupart avaient de 12° à 13° d'alcool, 3 à 4 couleurs et contenaient 20 à 25 grammes d'extrait sec, ce qui est la composition des vins de commerce solidement constitués.

Producteurs directs. — Mais ce n'est pas seulement à trouver des porte-greffes plus vigoureux, moins exigeants et s'accommodant de tous les terrains que l'on s'est appliqué ; on a cherché aussi à créer, au moyen d'hybridations entre les plants américains et les nôtres, des producteurs directs ayant à la fois la résistance des premiers au phylloxéra et aux maladies cryptogamiques et la fécondité de nos anciennes vignes et l'on a déjà fait dans cette voie des conquêtes précieuses. Les Couderc, les Seibel et plusieurs autres hybrideurs nous ont dotés de cépages qui paraissent indifférents aux attaques du puceron et des maladies aériennes et peuvent être cultivés sans

soins spéciaux comme nos vieux plants. Leurs vins
ont la même composition, contiennent les mêmes
éléments que les nôtres, sont même généralement
plus colorés ; mais ils ont moins d'alcool et possèdent
moins de finesse et de bouquet. Parmi les meilleurs
hybrides on cite dans les noirs les n°ˢ 201, 503,
4401, 132-11, 7120 de Couderc et les n°ˢ 1, 128, 156,
405, 1020, 1077 de Seibel ; mais nous devons dire
que si les Seibel présentent une bonne résistance
aux maladies cryptogamiques, il n'en est pas de
même au point de vue du phylloxéra et quelques-
uns devront être employés seulement comme greffons

On a été moins heureux du côté des cépages blancs.
On en connaît peu encore ayant une résistance suffisante du côté des racines et des feuilles. Les plus
recommandables sont 343-14, 89-23, 117-3, 272-60 de
Couderc, 305 de Castel et 157 de Gaillard. Mais les
recherches continuent et se multiplient tant du
côté des rouges que des blancs ; chaque jour nous
apporte quelque hybride nouveau et il y a tout
lieu d'espérer que l'on arrivera à trouver des variétés,
indemnes de phylloxéra et des maladies cryptogamiques, qui auront autant de qualité que nos anciens
cépages et pourront aborder avec succès nos maigres côteaux. La culture actuelle y est trop coûteuse
pour être rémunératrice, à cause des dépenses considérables qu'exigent le greffage et les traitements
aériens : sulfatage, soufrage, badigeonnage, etc.
Ils ne pourront être de nouveau complantés que
si l'on rentre dans les conditions de simplicité et
d'économie de notre ancien vignoble : simple bou-
ture pour la plantation, provignage pour garnir les
manquants et une ou deux façons rapides et superficielles pour aérer et nettoyer le sol.

Déjà, tels qu'ils sont, les producteurs directs actuels ne laissent pas de pouvoir rendre des services par leur mélange avec nos variétés dans certaines circonstances, notamment quand nos raisins ont été atteints par le mildiou, le black-rot, l'oïdium, etc. Comme leur végétation ne souffre pas de ces maladies, leur vin conserve ses qualités ordinaires et peut donner aux nôtres la couleur et l'alcool qui leur manquent dans ces années défavorables.

Autre considération encore qui doit faire désirer que l'hybridation nous apporte de nouvelles conquêtes. C'est que la baisse du prix du vin à laquelle nous assistons et qui menace de s'aggraver encore par suite de l'augmentation de la production, oblige le viticulteur à simplifier sa culture et à la rendre aussi économique que possible. Aussi, dans cet ordre d'idées, signalerons-nous quelques procédés que nous employons avec succès depuis longtemps dans notre vignoble.

Simplification de quelques opérations viticoles.

Plantation. Au lieu de planter en simples boutures, ce qui expose à beaucoup de manquants et à des replantations coûteuses et incertaines, nous avons recours à des racinés d'un an ou de 2 ans, mais dont nous coupons toutes les racines à quelques millimètres de la tige afin de pouvoir les planter au pal comme les boutures. Outre que la reprise est presque complète, si on a soin de bien garnir le trou avec de la terre fine ou du sable, on économise une grande partie des frais de culture de la première année, car il suffit d'une pépinière d'un are pour fournir à une plantation d'un hectare.

Provignage. En ce qui concerne le provignage, voici comment nous procédons. Au lieu de coucher

le cep tout entier, comme on le faisait avant le phylloxéra, ce qui nuit à la souche mère, oblige de couper
plusieurs de ses racines principales et compromet sa
vigueur dans l'avenir, car elle n'aura jamais des racines
aussi puissantes que si elle était restée droite, nous
nous bornons à faire une marcotte ou *col d'oie,* mais
avec les précautions suivantes. Nous relevons la marcotte, pour la faire sortir de terre, aussi verticalement
que possible et, au-dessous du coude qu'elle forme en
se relevant, nous plaçons une ligature en fil de fer gal-
vanisé. Le provin, en grossissant, s'étrangle contre
cette ligature qui supprime ainsi peu à peu sa communication avec la souche-mère. La sève descendante
se trouvant arrêtée par le fil de fer forme un bour-
relet qui donne naissance à de fortes et vigoureuses
racines au lieu des petites qui se seraient développées
tous le long du sarment couché et le nouveau cep
prend autant de développement que s'il était franc
de pied. De plus, comme le fossé est plus petit et le
couchage du provin plus rapide, on réalise une économie assez importante.

Taille. Quand la vigne est taillée à long bois
et allongée d'après le système Guyot sur fil de
fer, au lieu d'attacher les branches à fruit avec
de l'osier, ce qui est très long et coûteux, nous
nous bornons à enrouler le sarment en spirale
autour du fil de fer, ce qui se fait très rapidement.
Cette opération a encore l'avantage de soutenir le
sarment sur toute sa longueur et, par la torsion qu'il
lui fait subir, de retarder le mouvement de la sève
qui, comme on le sait, a de la tendance à se porter
à l'extrémité, enfin de faire ainsi sortir plus régulièrement tous les boutons. Cette simple pratique
non-seulement produit une économie de temps et

dè main-d'œuvre mais encore contribue à augmenter sensiblement la récolte.

Fumure. Tout le monde sait combien est coûteuse et peu pratique la fumure de la vigne dans nos côteaux au moyen de l'engrais d'étable, de terreau ou de compost, à cause de l'importance des frais de transport et d'enfouissement. Aussi y renonce-t-on presque partout. Ces vignes cependant demauderaient à être soutenues pour augmenter leur production et durer un plus grand nombre d'années, car le sol y est ordinairement peu fertile et s'épuise avec rapidité.

L'emploi des engrais chimiques ou commerciaux permet de résoudre le problème facilement. Un homme peut, en effet, porter sur son dos en quelques heures la quantité nécessaire à un hectare et, pour l'enfouir, il n'a nul besoin de se livrer à une opération spéciale. Les façons ordinaires suffisent. Mais s'il s'agit de fumer seulement des souches isolées, peu vigoureuses, pour élever leur végétation au niveau de leurs voisines, il est nécessaire de mettre l'engrais dans une cuvette creusée autour du cep, afin qu'il ne profite qu'à lui seul. Toutefois, il est un moyen qui donne encore de meilleurs résultats et que nous recommandons tout particulièrement, quand la roche du moins n'est pas trop superficielle et que le sol a une profondeur suffisante. Il consiste à pratiquer avec le pal de fer, autour de la souche et à 30 centimètres environ de distance de sa tige, deux ou trois trous de 30 à 40 centimètres de profondeur et même plus, et de verser dans chacun de ces trous 150 à 200 grammes d'engrais complet composé pour un hectare de 200 kilogrammes de nitrate de soude, 400 kilogrammes de superphosphate de chaux, 200 kilogrammes de sulfate de potasse ou de chlorure de potassium et de 150 kilogrammes de plâtre. L'engrais est ainsi mis à la portée des racines et, au lieu de les forcer à s'élever vers la surface du sol comme dans le procédé par cuvettes, il les apppelle dans ses profondeurs où elles trouvent en même temps la fraîcheur nécessaire. De plus, il sert exclusivement à la souche débile et n'est pas absorbé par les plantes parasites, comme dans l'épandage superficiel, ce qui, outre ce premier inconvénient, nécessite des frais pour la destruction de ces herbes adventices.

Avantages de la culture des raisins de table. — Pour terminer ce qui a trait à la vigne nous pensons qu'il y aurait avantage sur certains points à se livrer à la culture du chasselas qui est ordinairement très rémunératrice. Déjà certains propriétaires du canton de Montcuq imitant leurs voisins de Tarn-et-Garonne sont entrés dans cette voie. Mais, comme on peut craindre dans l'avenir la surproduction et se trouver obligé de chercher des débouchés à l'étranger, nous conseillerions aux nouveaux planteurs de s'adresser à des raisins de table à gros grains et à chair ferme tels que le Frankental, les Muscats de Hambourg et d'Alexandrie, le Blach-Alicante, le Gros Colman, le Long Noir d'Espagne, qui supportent mieux le voyage, sont plus appréciés en Angleterre et se vendent à des prix plus élevés.

CHAPITRE 6

Noyer – Prunier – Arbres fruitiers

Le noyer est, pour une grande partie du département, un arbre des plus précieux. Non-seulement son fruit fournit à nos populations rurales l'huile nécessaire aux besoins du ménage, en laissant comme résidu des tourteaux d'une haute valeur pour l'engraissement du bétail, mais encore il est l'objet d'un commerce considérable qui est pour la contrée une source importante de profits. Cependant, malgré ses avantages, sa culture est négligée et ne reçoit pas tous les soins qu'elle mérite. Depuis quelque temps même on en arrache beaucoup plus qu'on n'en plante.

On lui reproche d'être trop long à produire et de faire beaucoup de tort aux cultures qui se trouvent sous son ombrage. Ces inconvénients sont réels, mais n'y a-t-il pas moyen de les diminuer ? Est-ce qu'il n'y a pas, le long de nos routes et chemins, beaucoup de bordures vides d'arbres où il pourrait être planté avec profit sans nuire sérieusement aux autres récoltes ? Combien n'y a-t-il pas de ces *combes* ou gorges pleines d'éboulis, encombrées de pierres, où les cultures ne peuvent donner un produit rémunérateur et qui conviendraient à merveille au noyer ?

Même en plein champ, dans un sol favorable, sa culture pourrait être avantageuse, si on se bornait aux cultures de céréales qui souffrent relativement peu de son voisinage et qu'on renonçat aux récoltes sarclées lesquelles pourraient être avantageusement remplacées par des fourrages de printemps et quelquefois par la jachère. Le noyer profitant des façons et des engrais donnés au sol se développerait plus rapidement et arriverait en beaucoup moins de temps à la période productive.

Si on réfléchit qu'un hectare pourrait contenir 45 noyers en les plaçant à 15 mètres de distance, que chaque noyer en plein rapport peut donner environ 1 hectolitre de noix du prix moyen de 15 francs, ce

11

qui ferait un revenu de 675 francs par hectare, on
trouvera peu de cultures aussi avantageuses, eu égard
à la modicité des frais d'exploitation. Si on ajoute à
ce premier avantage que le bois de noyer a une valeur
considérable et que ces 45 arbres, à la fin de leur
existence, représenteraient un capital énorme, de
beaucoup supérieur à la valeur du terrain, on est
surpris qu'on ne se livre pas davantage à cette spé-
culation. Malheureusement aujourd'hui on veut jouir
vite et de moins en moins on a les préoccupations
de l'octogénaire de la fable qui plantait ; on ne tient
plus à la satisfaction de se dire :

« Mes arrière-neveux me devront cet ombrage. »

Quelle mauvaise habitude aussi d'attendre quelquefois 20 à 25 ans à le greffer ? C'est vraiment
vouloir retarder sans aucune utilité l'époque de la
production. Ne vaudrait-il pas mieux procéder à
cette opération dès les premières années, soit par la
greffe en flute généralement usitée, soit par celle en
écusson qui est moins connue mais qui serait plus
facile et donnerait des résultats meilleurs ? On évi-
terait ainsi de lui faire subir ces fortes amputations
et ces mutilations successives auxquelles on se trouve
condamné plus tard, qui ne peuvent qu'être nuisibles
à son développement et retarder sa production.

D'après les documents officiels la récolte des noix
est en moyenne de 100.000 hectolitres. A 15 francs
l'hectolitre cela fait un revenu de 1.500.000 francs.
On voit quelle est l'importance de cette récolte et
l'intérêt qu'il y aurait pour le département à l'augmenter.

Le prunier d'Agen constitue aussi un revenu assez
notable. Il est beaucoup plus cultivé que le prunier
Reine-Claude dont le fruit est vendu en vert dans des

conditions ordinairement avantageuses. Bien que la récolte de la prune d'Agen soit passablement aléatoire à cause de sa sensibilité aux influences atmosphériques, c'est un de ces produits accessoires qui ne laisse pas d'augmenter les profits de l'agriculteur. Sa culture est peu coûteuse et les récoltes voisines n'en souffrent que médiocrement. La préparation seule des pruneaux entraîne des frais assez sensibles ; mais ils ont été bien réduits depuis que l'on a recours aux étuves. Dans le Sud-Ouest du département on paraît comprendre les services que peut rendre cet arbre, car on cherche à le multiplier.

La production moyenne du département est d'environ 5.000 quintaux métriques qui, à 60 francs le quintal, donnent un revenu de 300.000 francs.

Autres arbres fruitiers. — Les autres arbres fruitiers tels que le pommier et le poirier et les arbres à noyau comme le cerisier, l'abricotier, le pêcher sont très-négligés et cependant ils pourraient être la source d'un revenu important. Le pommier qui est très répandu dans certaines parties du département, notamment dans les terrains silico-argileux du diluvium, donne parfois en abondance des pommes à couteau excellentes comme la *pomme d'île* et la *court-pendue*. Malheureusement la première, malgré ses qualités, n'est pas appréciée sur les marchés étrangers et ne sert guère qu'à la consommation locale. Aussi conviendrait-il de multiplier surtout la *pomme de Brive* qui est plus connue et se conserve facilement jusqu'à la fin de l'hiver.

Quant aux fruits à noyau ils viendraient admirablement dans nos deux vallées du Lot et de la Dordogne. Il y a là des expositions excellentes pour obtenir les variétés précoces qui se vendent très cher. Dans le

Midi et notamment à Hyères le pêcher donne en
moyenne 2.000 francs par hectare, même planté dans
les vignes. Nous ne saurions donc trop conseiller de
se livrer à leur culture.

Ajoutons, pour terminer ce qui a trait aux fruits,
que depuis quelque temps dans la vallée du Lot, à
Calvignac, on a entrepris avec succès la culture de
la grosse fraise pour l'expédier dans les grands centres.
C'est un excellent exemple digne d'être suivi. On
pourrait trouver les mêmes avantages dans la
culture de l'asperge, de l'artichaut, de la tomate, des
petits pois.

Chapitre 7

Tabac

Parmi les cultures secondaires du département
l'une des plus importantes est celle du tabac. Elle
occupe une superficie de 2.100 hectares et produit
par an en moyenne un revenu de 2.300.000 francs. En
1887, la récolte a donné un poids de 2.226.509 kilogrammes et a été payée 2.368.435 francs. Aucune
récolte ne fournit un produit brut aussi élevé ; il est
de 1.100 francs environ à l'hectare, ce qui suppose, il
est vrai, comme toute moyenne, des rendements
plus faibles, notamment quand la plante souffre des
intempéries, gelée, grêle, sécheresse, mais aussi des
rendements supérieurs, quand les circonstances sont
favorables et qu'elle reçoit tous les soins nécessaires.
Certains planteurs, en effet, arrivent à retirer jusqu'à
2.500 et même 3.000 francs à l'hectare de leur récolte.

La culture du tabac est coûteuse. — Mais cette culture est des plus coûteuses. Elle exige un sol fertile,
une fumure riche et abondante et surtout beaucoup
de main-d'œuvre. Aussi convient-elle principalement

aux petits cultivateurs qui, faisant tous les travaux de leurs propres mains et pouvant y occuper enfants, femmes, vieillards tant à l'intérieur, pendant les journées ou soirées d'hiver qu'à l'extérieur, durant le cours de la végétation, n'ont presque rien à débourser de telle sorte que, pour eux, le produit net se confond avec le produit brut.

Cette culture a encore un autre avantage, c'est que, en obligeant le cultivateur à améliorer le sol par de profonds défoncements et de copieuses fumures, à le nettoyer de toutes les herbes sauvages par de nombreux sarclages, elle lui apprend les moyens qu'il faut mettre en œuvre pour obtenir de forts rendements. Quand, après cette culture, il récolte 25 à 30 hectolitres de blé à l'hectare sur une terre qui, auparavant, ne lui en donnait que 14 ou 15, cette leçon de choses lui montre, mieux que tous les conseils et lectures, les procédés qu'il doit employer pour augmenter la fécondité de ses autres champs et arriver à la même production.

Elle est surtout avantageuse pour la petite propriété. — C'est donc une culture des plus précieuses pour notre département où la terre est très morcelée et appartient en grande partie à des petits propriétaires. Aussi, bien qu'il occupe le 3me rang des départements planteurs au point de vue de la superficie cultivée, après ses voisins le Lot-et-Garonne et la Dordogne, il serait à désirer que nos plantations reçussent encore plus de développement, car il y a plus de la moitié de nos communes qui ne sont pas autorisées à planter (185 contre 152) et cependant dans presque toutes le sol serait aussi favorable que dans les communes privilégiées. Le tabac, bien qu'originaire des pays équatoriaux, n'est pas difficile au sujet du climat, car on le cultive avec succès en Belgique, en Hollande, en Allemagne et jusque dans l'Ukraine. Mais l'Administration objecte que le tabac que nous produisons n'est propre qu'à priser et à macher et que, sa consommation tendant à diminuer, il ne lui est pas possible d'en demander davantage. Elle déclare en outre que, en ce qui concerne le tabac à fumer, notre sol n'est pas susceptible de produire du tabac combustible et que, par conséquent, elle ne pourrait, le cas échéant, en autoriser la culture.

La culture du tabac à fumer serait possible dans le département. — Nous ne croyons pas que ce jugement soit fondé et, s'il repose sur des expériences, nous sommes porté à penser qu'elles ont été mal faites. Il a été reconnu, il est vrai, que dans les sols très calcaires le tabac est peu combustible, la chaux s'y trouvant en trop grande quantité et se substituant à la potasse qui, d'après les recherches de Schlœsing, est le principal facteur de la combustibilité du tabac. Mais nous avons vu que, à l'exception des cantons de Lalbenque, Castelnau et Montcuq, le sol du département est peu calcaire, même dans le Causse. Les vallées du Lot et de la Dordogne qui fournissent la plus grande quantité de la production sont plutôt pauvres en carbonate de chaux. Il est donc infiniment probable que, si on cultivait le tabac à fumer dans certaines régions du département, notamment dans nos deux principales vallées, avec les soins qu'il réclame, il y réussirait aussi bien que dans les déparments limitrophes de la Dordogne et de Lot-et-Garonne. Nous pensons même que, grâce à notre sol chaud et sec et aux excellentes expositions à l'abri du Nord que présentent nos vallées, certaines variétés exotiques, recherchées pour leur finesse et leur arôme, pourraient donner de bons résultats. Et si l'Administration des Tabacs, qui compte dans son sein des savants distingués, voulait appliquer à cette plante les procédés de culture, de sélection, d'hybridation au moyen desquels on est arrivé à créer, dans toutes les autres espèces de végétaux, fleurs et fruits, des variétés si merveilleuses, nous sommes persuadé qu'elle obtiendrait des produits nouveaux précieux qui lui permettraient de réduire ses achats à l'étranger et de faire bénéficier les planteurs français de plusieurs millions qu'elle y consacre.

Il ne faut pas croire cependant qu'il y aurait plus d'avantages pour le département à produire du tabac à fumer, car si on considère ce qui se passe dans les départements voisins, bien que le nombre des pieds soit de 30.000 à 40.000 à l'hectare au lieu de 12.000, le produit brut est moins élevé que dans le Lot et pourtant, en raison même du nombre plus grand des pieds, les frais sont sensiblement plus considérables. Ainsi, en 1897, année qui peut être considérée comme moyenne, tandis que dans le Lot le rendement en poids à été de 1192 kilogrammes par hectare ayant produit une somme de 1280 francs, dans le Lot-et-Garonne la quantité n'a été que de 1161 kilogrammes et la valeur de 1190 francs et dans la Dordogne, avec un poids de 1372 kilogrammes, le prix est tombé à 1141 fr. La valeur comparative au quintal métrique a été la suivante :

Lot. . . . . 104 fr. 38
Lot-et-Garonne. . . . . 101 fr. 50
Dordogne. . . . . 83 fr. 20

La culture est donc plus avantageuse et plus rémunératrice dans le Lot que dans ces deux départements limitrophes.

Possibilité d'augmenter le rendement. — Si les planteurs de notre département ne peuvent guère compter sur l'extension de la culture, ils peuvent du moins arriver à augmenter la production de leur récolte par des soins mieux entendus, et leur bénéfice sera même plus grand qu'en employant le premier moyen, car, ainsi que nous l'avons montré à plusieurs reprises, les frais généraux sont d'autant moindres que le rendement est plus élevé. Nous avons dit plus haut que certains planteurs parviennent à obtenir un produit de 2.500 à 3.000 francs à l'hectare, alors que la moyenne n'est que de 1100 à 1200 francs. Certes, on ne peut se bercer de l'espoir que tous les cultivateurs puissent atteindre un rendement aussi considérable. Il faut pour cela des conditions de fertilité du sol, de profondeur de la couche arable, de fraîcheur qui se rencontrent assez rarement ; mais nous croyons possible et même relativement facile d'arriver à une production de 1500 à 1600 kilogrammes, ce qui augmenterait d'un million environ, soit d'un tiers, la valeur de la récolte du département et surtout le produit net par rapport au produit brut. Or, étant donnés les frais considérables qu'exige la culture du tabac, le bénéfice est bien faible et quelquefois même nul pour les récoltes inférieures à la moyenne actuelle de 1100 francs. Mais, avec une récolte d'une valeur de 1500 fr., le bénéfice sera toujours assez important, malgré l'augmentation des soins et surtout de la dépense en engrais, car il ne faut pas oublier que plus on dépense par hectare moins on dépense par quintal de récolte.

Comment n'arriverions-nous pas à ce rendement de 1500 kilogrammes, quand tous les départements, moins ceux de la Dordogne et de Lot-et-Garonne que

nous venons de citer, le dépassent dans une proportion plus ou moins grande. Voici, en effet, les rendements de quelques départements :

Bouches-du-Rhône. .	3.730	kilogrammes
Nord.	3.162	—
Haute-Saône..	2.235	—
Haute-Savoie.	2.139	—
Var..	2.096	—
Isère.	1.935	—
Hautes-Pyrénées. . .	1.648	—
Corrèze.	1.618	—
Ile-et-Vilaine.. . . .	1.616	—

Viennent ensuite, comme nous l'avons dit :

Dordogne.	1.372	kilogrammes
Lot.	1.227	—
Lot-et-Garonne. . .	1.161	—

Nous occupons donc l'avant-dernier rang dans
l'échelle des rendements en poids. On ne peut invo-
quer, pour expliquer cette infériorité, ni l'humidité
du climat des autres départements, puisque nous y
trouvons les Bouches-du-Rhône et le Var dont le
climat est bien plus chaud et plus sec que le nôtre,
ni la fertilité plus grande de leur sol, puisque nous
y voyons des contrées plus montagneuses et plus
pauvres que le Lot, telles que l'Isère, les Hautes-
Pyrénées, la Corrèze, l'Ile-et-Vilaine. La raison n'en
est que dans une insuffisance de soins et d'engrais.
Les deux principaux facteurs sinon de la qualité du
moins de la quantité de la récolte sont l'engrais et
l'eau. Pour obtenir un rendement de 1500 kilogrammes au lieu de 1100, toutes circonstances égales
d'ailleurs, il faut commencer par augmenter la dose
de l'engrais. Quand on n'avait à sa disposition que

le fumier d'étable, il n'était pas toujours facile de remplir cette condition ; on était limité par la quantité produite par la propriété. Mais aujourd'hui que l'industrie et le commerce fournissent tous les engrais que réclament les plantes, rien n'est plus aisé que de se procurer le complément nécessaire. Aurait-on même la quantité de fumier de ferme voulue qu'il serait avantageux de recourir aux engrais commerciaux, à cause de leur richesse et de leur assimilabilité plus grandes, comme nous le verrons plus loin.

Nécessité des défoncements profonds. — En ce qui concerne l'eau le problème est loin d'être aussi facile à résoudre. On peut bien dans certaines circonstances rares, quand la sécheresse sévit, recourir à l'arrosage ; mais dans la plupart des cas on est à la merci des événements atmosphériques. Cependant, même en cette occurrence, le cultivateur n'est pas absolument impuissant. Nous avons exposé dans les considérations générales qu'il est possible de se défendre dans une certaine mesure contre la sécheresse par des défoncements profonds et l'enfouissement de fourrages verts, car, d'un côté, on emmaganise ainsi dans le sol devenu plus poreux une plus grande quantité des pluies de l'hiver et du printemps et, de l'autre, on augmente la fraîcheur de la terre par l'incorporation d'une masse considérable de plantes aqueuses. Malheureusement depuis quelque temps, soit par suite de la dépopulation de nos campagnes et du manque de main-d'œuvre, soit par ce qu'on se déshabitue des travaux pénibles, on défonce de moins en moins à bras la terre destinée à porter du tabac ; on se borne le plus souvent à la labourer avec une charrue ordinaire et un faible

attelage qui ne peuvent que l'ameublir superficiellement. Aussi voit-on le tabac souffrir plus qu'autrefois des sécheresses de l'été et par suite être empêcher d'augmenter dans sa production. En outre, on
a recours beaucoup plus rarement à l'emploi des
engrais verts, à ce semis de fèves et de vesces que l'on
faisait sur le chaume et que l'on enterrait profondément avant la plantation du tabac, enrichissant ainsi
la terre non seulement de l'eau contenue dans ces
plantes mais encore de l'azote emprunté à l'atmosphère par ces deux légumineuses.

Que l'on revienne à ces deux excellentes opérations
et, avec l'addition d'engrais chimiques appropriés,
on obtiendra sûrement une augmentation de récolte
importante. Mais qu'on ne perde pas de vue que
l'accroissement seul de la fumure, sans les soins
correspondants pour fournir l'eau nécessaire à la
végétation, ne peut donner que des résultats incer-
tains. Tout ira pour le mieux, si l'été n'est pas trop
sec, s'il est traversé par des pluies échelonnées ; mais
l'influence de la fumure sera paralysée si, au contraire, comme cela arrive parfois, il ne pleut presque
pas durant les 3 mois que le tabac occupe le sol. La
plante se trouve dans la même situation qu'un homme
qui serait en présence d'une table copieusement
servie en mets solides, secs, excitants, mais qui
manquerait de toute boisson ; il serait obligé de s'arrêter avant d'avoir satisfait complètement son appétit.

Nécessité d'une fumure copieuse. — Cela dit,
voyons quelles doivent être la quantité et la nature
des engrais à fournir au tabac pour en obtenir une
abondante récolte. Cette plante est vorace, exigeante,
à végétation puissante et rapide. Il faut par conséquent qu'elle trouve à sa portée, durant les 90 ou

100 jours que dure son évolution, tous les éléments
nutritifs nécessaires au rendement que l'on veut
atteindre. Le tabac est surtout avide d'azote et de
potasse. Alors que 100 kgr. de blé y compris la
paille correspondante prennent au sol $2^{kgr.}$ 95 d'azote,
$1^{kgr.}$ 53 d'acide phosphorique et 1^{kgr} 75 de potasse, le
tabac, pour le même poids de feuilles sèches, en y
comprenant les résidus correspondants (tiges, racines, épamprages), lui enlève $4^{kgr.}$ 25 d'azote, $1^{kgr.}$ 60
d'acide phosphorique et 7 kgr. de potasse. Par conséquent une récolte de 1500 kgr. absorbera :

Azote..........	$63^{kgr.}75$	
Acide phosphorique.	24	00
Potasse..........	105	00

Tandis qu'une récolte de blé du même poids représentant environ 20 hectolitres et 3.000 kgr. de
paille, ce qui est un fort rendement pour notre pays,
ne prend que :

Azote..........	$44^{kgr.}25$	
Acide phosphorique.	22	95
Potasse..........	26	25

Qu'on n'aille pas croire qu'il suffit d'apporter au
sol la quantité de fumier contenant la proportion de
principes nutritifs nécessaires pour obtenir cette récolte de 1500 kgr. de tabac, car ces principes ne sont
pas immédiatement assimilables. Ils ne le deviennent que peu à peu, au fur et à mesure que, par la
lente décomposition des substances organiques dont
ils font partie, ils se dégagent de la gangue dans
laquelle ils sont emprisonnés, rentrent dans le règne
minéral et deviennent solubles. L'azote en particulier doit se transformer d'abord en ammoniaque,
puis en nitrate, seule forme sous laquelle il est

absorbé par les plantes. Or, l'expérience apprend
que dans les sols de consistance moyenne le fumier
met 3 ans à se décomposer complètement et, par
conséquent, à fournir aux récoltes la totalité des éléments fertilisants qu'il récèle. Il faudrait donc une
dose de fumier triple de celle qui contient la quantité
d'azote, d'acide phosphorique, de potasse absorbés
par 1500 kgr. de tabac. Mais, comme le fumier normal ne comprend, par 1000 kgr., que 4 kgr. d'azote,
$3^{kgr.}2$ d'acide phosphorique et $6^{kgr.}8$ de potasse, pour
fournir les 64 kgr. d'azote que demande cette production de 1500 kgr. de feuilles, il faudrait 16,000 kgr.
de fumier ou 16 tonnes portées au triple soit 48
tonnes métriques.

*Avantages du remplacement d'une partie du fumier
par des engrais commerciaux.* — Encore faut-il que
ce fumier ne soit pas pailleux et ait été réduit en
pâte noire, que d'autre part la terre destinée à le recevoir soit déjà en bon état d'entretien et possède
une fertilité au moins moyenne, car, sans cela, elle
en retiendra la plus grande partie jusqu'à un certain
degré de saturation sans l'abandonner à la plante.
Aussi ne conseillerons-nous pas de donner toute la
fumure nécessaire sous forme d'engrais de ferme,
car l'avance à faire serait trop considérable. Au prix,
en effet, de 10 fr. la tonne, chiffre plutôt faible, la
dépense en fumier serait de 480 fr. à l'hectare et, comme on ne rentrerait complètement dans cette avance
qu'au bout de 3 ans, qu'on perdrait pendant ce
temps l'intérêt de cette somme et même une partie
du capital par suite des fuites inévitables dans l'atmosphère et les eaux de pluie des meilleurs principes du fumier, il sera plus pratique et plus économique de n'employer que la moitié de cette quantité de

fumier. Le restant serait fourni en engrais chimiques, tourteaux, etc., qui étant rapidement assimilables ne seraient livrés que dans la proportion exactement nécessaire pour satisfaire aux besoins de la plante. Voici alors comment s'établirait la dépense :

Fumier 24 tonnes, à 10 fr. l'une, dont le tiers	80 00
Azote 32 kilogrammes, à 2 fr. le kilo.. . .	64 00
Acide phosphorique, 18 kgr. à 0ᶠ 55 le kilo..	9 90
Potasse 53 kilogrammes, à 0ᶠ 50 le kilo. . .	26 50
Total.	180 40

Pour donner cette quantité d'engrais complémentaire il suffirait de 200 kgr. de nitrate de soude, 150 kgr. de superphosphate et 100 kgr. de sulfate de potasse.

La dépense serait donc abaissée de 480 fr. à 180 fr., ce qui constituerait une économie de 300 francs.

Avantage de cultiver en lignes le blé sur le tabac pour éviter la verse. — Mais ce n'est pas le seul avantage de ce mode de procéder. La fumure avec l'engrais d'étable seul aurait laissé en terre après l'enlèvement du tabac, une quantité d'azote qui n'aurait pas été inférieure à 128 kilogrammes, c'est-à-dire de quoi fournir à la consommation de 3 récoltes de blé de 20 hectolitres chacune. Or, dans ces conditions, il arrive presque toujours que le blé qui succède au tabac prend un développement herbacé éxubérant, verse et ne donne qu'un rendement en grain médiocre, privant ainsi le cultivateur d'un bénéfice important. Par la méthode que nous recommandons, comme tout l'azote fourni par le nitrate aura disparu, il ne restera dans le sol que le reliquat de l'azote du fumier, soit 66 kilogrammes seulement au lieu de 128, quantité bien suffisante

pour produire une abondante récolte de blé, puisqu'il ne faut que 45 kilogrammes d'azote pour
une récolte de 20 hectolitres. La végétation mieux
équilibrée parcourra toutes ses phases dans de
meilleures conditions et, si on a le soin de recourir à des variétés à tige forte et rigide, telle que le
blé rouge de Bordeaux, le blé bleu de Noë, etc, et de
donner au moment des semailles une petite dose de
superphosphate et de potasse, on pourra arriver à
un rendement de 30 à 40 hectolitres à l'hectare. Dans
les terrains les plus fertiles, si on veut se mettre
complètement à l'abri de la verse et élever encore
le rendement, nous ne saurions trop recommander
le semis en lignes, tel que nous l'avons décrit à propos de la culture du blé, car comme il ne s'agit que
de petites superficies, le procédé est facile à mettre
en pratique. La céréale pouvant être sarclée et ayant
plus d'espace à sa disposition développe des racines
plus puissantes, talle davantage et ses tiges moins
serrées et recevant davantage l'action du soleil deviennent plus résistantes et portent des épis plus pleins
et mieux nourris ; aussi la production est-elle notablement plus grande et le résultat moins incertain et
plus rémunérateur.

*Chercher la qualité en même temps que la quan-
tité.* — Nous venons d'exposer les moyens d'augmenter le poids de la récolte ; mais la quantité n'est pas
le seul facteur du bénéfice du planteur ; la qualité
ne joue pas un rôle moindre. Quand les 100 kilogrammes valent, suivant qualité, depuis 30 francs
jusqu'à 150 francs, on comprend qu'avec peu de poids
et beaucoup de qualité on puisse arriver à un produit
en argent aussi élevé qu'avec beaucoup de poids et
peu de qualité. Les 1100 kilogrammes de rendement

moyen à l'hectare de notre tabac peuvent donner
de 1.500 à 1.600 francs, si la marchandise est toute de
surchoix ou de 1re classe ; de même qu'ils peuvent
tomber au-dessous de 1.000 fr. si la qualité est médiocre et le classement inférieur. Nos planteurs ne sauraient donc trop s'appliquer à développer la qualité
de leur récolte en même temps que le poids.

Il faut reconnaître cependant, à en juger du moins
par le prix moyen des 100 kilogrammes que c'est dans
notre département que la plus haute qualité est atteinte, puisque ce sont nos tabacs qui sont payés au prix
le plus élevé. Nous avons vu, en effet, que, en 1897,
le quintal métrique avait été payé dans le Lot 104 fr. 38,
tandis que dans le Lot-et-Garonne il n'avait atteint
que 101 fr. 50 et dans la Dordogne 83 fr. 20. Il lui est
même arrivé quelquefois de monter jusqu'à 110 et
118 francs. Dans presque tous les autres départements
le prix a été encore moindre, comme le montre le
tableau suivant :

	Prix des 100 kilos	Rendement à l'hectare	
		en poids	en argent
Bouches-du-Rhône. .	54$^{fr.}$32	3.730$^{kgr.}$	2.026$^{fr.}$
Nord.	78 62	3.162	2.486
Meurthe-et-Moselle. .	86 68	2.706	2.445
Haute-Saône.	90 64	2.235	1.939
Haute-Savoie.	94 28	2.139	2.107
Var.	75 63	2.096	1.575
Isère.	86 09	1.935	1.666
Hautes-Pyrénées. . .	92 97	1.648	1.517
Corrèze.	81 40	1.618	1.317
Lot.	104 38	1.227	1.280
Lot-et-Garonne. . . .	101 50	1,161	1.190
Dordogne.	83 20	1.372	1.141

On voit par ce tableau que si, au lieu d'être l'avant-dernier pour le rendement en poids, nous montions dans l'échelle au point d'atteindre 1.500 à 2.000 kilogrammes comme dans la plupart des autres départements, nous arriverions, en conservant notre primauté au point de vue de la qualité, à un produit en argent supérieur à celui qu'ils obtiennent. Mais ce n'est pas seulement dans l'exemple de ces départements que nous pouvons puiser cet espoir d'augmenter nos rendements, c'est aussi dans ce qui s'est passé chez nous. Si on remonte aux premiers temps de la culture du tabac dans notre département, on constate que, en 1830 par exemple, d'après Delpon, le rendement en poids n'était que de 624 kilogrammes par hectare et le rendement en argent de 683 fr. 96. faisant ressortir le prix du quintal métrique à 109 fr. Le progrès qu'a fait la culture depuis cette époque et donc considérable, puisque le rendement a presque doublé. Mais nous sommes persuadé qu'il n'a pas dit son dernier mot et que l'accroissement de la production est encore possible, comme nous l'avons montré. On peut compter sur l'ardeur, l'opiniâtreté et l'intelligence de nos planteurs pour y parvenir, maintenant surtout qu'ils seront plus éclairés et que la science, les fertilisants chimiques, la multiplication des syndicats pour la vente d'engrais contrôlés, et le développement du crédit agricole pour leur achat en facilitent les moyens.

De l'examen auquel nous venons de nous livrer nous pouvons conclure que de toutes les cultures annuelles celle du tabac est la plus productive et la plus avantageuse pour la famille rurale. Par le haut produit brut qu'elle fournit, par son paiement certain à une époque déterminée, par la facilité de la mettre

12

à l'abri des pertes provenant des sinistres atmosphériques grâce à l'assurance établie par la loi de 1895,
dont le fonctionnement a été malheureusement sus-
pendu chez nous, elle constitue un des meilleurs
moyens de bien-être pour le petit cultivateur et l'on
doit faire des vœux pour que l'Administration l'étende
dans la plus large mesure possible.

CHAPITRE 8

Truffe

Enfin le département peut trouver dans la culture
de la truffe une source de richesse inestimable. Bien
qu'il y ait peu d'années que l'on s'occupe de favoriser
sa production et que, sur la plus grande partie de
notre territoire, elle ne reçoive aucun soin et soit
livrée au hasard, elle fournit cependant à notre contrée une moyenne de 3.000.000 fr. de revenu. Cette
somme pourrait facilement être doublée. Les deux-
tiers au moins du département sont propres à la truffe ;
aucun terrain ne lui est plus favorable que le terrain
jurassique qui est le plus répandu dans notre pays et,
circonstance des plus heureuses, ce sont précisément
les sols maigres et superficiels, incapables de toute
culture rémunératrice, les anciennes vignes aban-
données où la reconstitution par les plants américains
n'offre aucune chance, qui sont les plus aptes à produire le précieux tubercule.

Quelques chênes semés çà et là sur ces terrains
donnent presque toujours naissance à des truffières
qui apparaissent en général au bout de 8 à 10 ans
pour se multiplier et grandir les années suivantes, et
il arrive souvent que, avec quelques soins, le revenu
dépasse celui que donnait la vigne.

Mais pour tirer le meilleur parti de ces terres et

atteindre au plus haut degré de production, il est indispensable de suivre certaines règles que l'expérience et l'observation ont fait connaître et qui constituent ce qu'on appelle la trufficulture. Quatre conditions paraissent nécessaires pour obtenir de bons résultats : 1° un sol favorable, 2° des essences d'arbres particulières, 3° une surface propre, 4° un éclairement suffisant.

1° Le sol, nous le possédons sur la plus grande partie de notre territoire et on ne saurait en trouver de plus favorable surtout pour la qualité des tubercules.

2° Les arbres truffiers, nous les avons aussi, car ils viennent spontanément. Le meilleur de tous est le chêne dit truffier. On devra toujours s'appliquer à semer des glands pris sur des chênes au pied desquels sont les plus belles truffières non-seulement comme quantité mais aussi comme qualité, car là où la truffe est musquée il serait à craindre que le gland ne transmit ce défaut. On se trouverait bien également dans les expositions les plus chaudes et les plus sèches de multiplier le chêne vert qui est très apprécié dans le département de Vaucluse.

3° La propreté du sol se produit ordinairement d'elle-même, quand la truffière se forme. L'herbe meurt dans toute l'aire occupée par le tubercule et forme autour du chêne une tâche circulaire ; on dit alors que le chêne *marque*. Mais il sera toujours bon de favoriser cette propreté par de légères façons données au printemps.

4° Enfin, la terre doit être éclairée par le soleil au moins la plus grande partie de la journée. On ne voit que par exception des truffes dans les bois touffus et il arrive souvent que certaines plantations, d'abord

productives, deviennent stériles quand, par le fait de
l'âge, les branches en se réunissant ombragent complètement le terrain. Il faudra donc s'attacher à espa-
cer suffisamment les plants truffiers.

Pour remplir ces conditions le meilleur moyen
de procéder est de semer le gland ou planter le chêne
raciné en lignes dirigées du sud au nord de manière
que le soleil et l'ombre visitent alternativement
les intervalles et de placer ces lignes à des distances
variant de 6 à 10 mètres selon le développement ulté-
rieur que prendront les arbres. Le sol devra être préa-
lablement labouré et nettoyé avec soin sinon sur
toute sa surface, du moins le long des bandes qu'oc-
cuperont les chênes sur une largeur de 3 ou 4 mètres,
et si l'on veut que la plantation pousse rapidement
et que la production ne se fasse pas trop attendre, il
faudra continuer tous les ans les labours de manière
à tenir le sol propre. Les plants ne devront être, tout
d'abord, qu'à 50 centimètres ou 1 mètre les uns des
autres, tant pour faire la part des nombreuses causes
de destruction que parce que tous les pieds ne deviennent pas productifs. On arrache peu à peu ceux qui
ne marquent pas ; quant aux plants de bonne nature
qui seraient trop rapprochés, on les transplante
ailleurs et finalement on s'arrange de manière à avoir
quatre ou cinq mètres d'intervalle suivant l'âge ou la
vigueur de l'arbre.

Un autre procédé plus économique et qui permet
d'arriver plus promptement à la production consiste
à planter en vigne le terrain où l'on veut créer la
truffière et à y semer ou planter en même temps le
chêne. L'arbre pousse ainsi plus rapidement, car il
profite des façons que l'on donne à la vigne et, de
plus, il se trouve préservé par elle contre la dent des

moutons si à craindre dans les plantations simples.
Mais il faut avoir soin de ne travailler la vigne que
superficiellement et seulement au commencement du
printemps, afin de ne pas s'exposer à détruire le mycélium sur lequel se développent les truffes.

On peut gagner quelques années en recourant à la
plantation au lieu du semis, car le chêne pousse très
lentement au début. Quand on emploiera ce moyen,
il sera bon de couper la racine pivotante afin de
donner plus de vigueur aux racines traçantes, car
c'est dans leur trame que se produit le mycélium qui
engendre le tubercule.

On ne connait pas encore les causes qui président
au développement de ce mycélium ainsi que de la
truffe qui paraît être son fruit : on sait seulement
qu'il y a la plus grande analogie entre ce tubercule
et les champignons et qu'il se multiplie probablement,
comme ces derniers, par des semences impercepti-
bles que l'on appelle spores. On pourrait donc essayer de répandre au pied des chênes stériles, qui ne
marquent pas, un peu de terre prise sur les truffières
voisines dans l'espoir d'ensemencer le tubercule sur les
points où il ne s'annonce pas encore. Cette pratique a,
du reste, été recommandée dès la plus haute antiquité
et, si elle ne s'est pas généralisée, c'est que le mycélium
étant une espèce de moisissure des plus délicates,
invisible à l'œil nu, doit s'altérer et disparaître très
facilement. Il nous paraitrait que c'est pendant l'hiver
que l'on devrait faire cette opération puisque, à ce
moment, le bouleversement de la truffière par le groin
de la truie ne semble pas lui nuire. Pendant l'été, au
contraire, on aboutirait sûrement au dessèchement
du mycélium et à sa mort. Quoi qu'il en soit, comme
cette expérience est peu coûteuse et ne peut avoir

d'inconvénient, nous conseillons de la tenter. Ce n'est qu'en cherchant que l'on fait des découvertes.

Nous pensons aussi que l'on devrait expérimenter à petite dose les engrais chimiques sur les truffières épuisées pour voir s'il ne serait pas possible de les régénérer. Mais d'après quelques essais qui ont été faits, en ce qui concerne l'azote, ce n'est pas au nitrate de soude qu'il faudrait recourir mais au sulfate d'ammoniaque.

La production de la truffe est des plus variables ; elle est subordonnée surtout aux pluies du mois d'août et du commencement de septembre. Quand la sécheresse règne pendant cette période, elle peut faire complètement défaut. Mais dans les années favorables il n'est pas rare qu'on arrive à un produit de 800 à 1.000 francs par hectare à partir de la douzième ou quinzième année, alors que le terrain est loin d'avoir cette valeur.

On ne saurait donc trop s'attacher à une culture si précieuse qui peut à elle seule apporter le bien-être dans les parties les plus maigres et les plus ingrates de notre sol jurassique et sur certains points des dépôts sidérolithiques.

Chapitre 9

Bois

Tous les sols que leurs caractères physiques, leur pauvreté, leur situation, leur déclivité ne permettent pas de consacrer à quelqu'une des cultures que nous venons de passer en revue devraient être transformés en bois. Non-seulement on en retirerait ainsi dans l'avenir un revenu qui ne serait pas négligeable, car on a vu dans le tableau de la produc-

tion agricole du département que le rapport de nos
bois est évalué 5 millions, mais encore on retien-
drait la terre sur nos pentes abruptes, on prévien-
drait la ravine qui a des conséquences parfois si
désastreuses pour les vallées et on rendrait le climat
plus égal, plus frais et moins ardent. Nombreux sont
les terrains qu'il y aurait intérêt à boiser, car on a
défriché inconsidérément autrefois soit pour planter
de la vigne, soit pour se procurer des céréales, alors
que chaque pays devait produire tout ce qui était
nécessaire à son existence.

Les bois, il est vrai, ne rapportent que lentement,
après de longues années, mais ils rapportent sûrement et d'une manière économique, car, une fois
créés, ils ne coûtent aucuns frais. Ils sont comme
une caisse d'épargne où le capital grossit de lui-même,
automatiquement en quelque sorte, et arrive parfois
à décupler.

C'est au chêne qu'il faudrait s'adresser pour ces
plantations, puisque c'est de beaucoup l'essence do-
minante de notre département ; mais dans les terrains primitifs, siliceux, dans le diluvium on se
trouverait bien des taillis de châtaigner pour fournir
des cerceaux et des échalas dont la région viticole a
un si grand besoin. Ces mêmes terrains sont aussi
très favorables au pin sylvestre et au pin maritime
qui occupent déjà une certaine étendue dans les
cantons de Catus, Salviac et Cazals. Dans nos sols
calcaires il y aura parfois avantage à cultiver l'acacia
qui produit des échalas d'une très longue durée et
du bois de charronnage très apprécié, lorsqu'il
atteint un assez fort développement. Certains arbres
verts viendront aussi très bien et même plus rapidement que les essences à feuilles caduques dans ces

terrains. Tels sont le pin noir d'Autriche et le cèdre du Liban. Ce dernier surtout pousse dans notre sol jurassique, même lorsqu'il a peu de profondeur, avec une vigueur surprenante.

Combien l'aspect de notre pays ne changerait-il pas si, à la place de ces plateaux et versants stériles, dénudés qui donnent à certaines parties de notre département une physionomie si désolée et si misérable, on voyait des bois verdoyants qui, outre les profits qui en seraient le résultat direct, entretiendraient le débit de nos sources et de nos ruisseaux, maintiendraient la fraîcheur de nos vallées, rendraient à certains de nos paysages le charme qu'ils ont perdu et augmenteraient le pittoresque déjà si grand de plusieurs autres.

CONCLUSIONS

De l'étude à laquelle nous venons de procéder nous pouvons tirer les préceptes suivants :

1° *Le premier et principal soin de l'agriculteur doit être de mettre sa terre, c'est-à-dire son* **usine végétale** *dans les meilleures conditions possibles de fonctionnement. Ces conditions sont : une consistance moyenne, la perméabilité, la porosité, un ameublissement facile, la fraîcheur, la profondeur.*

2° *Il doit ensuite apporter dans cette usine, en quantité suffisante, les* **matières premières de ses récoltes,** *c'est-à-dire les éléments dont se nourissent les plantes.*

3° *Toute terre qui ne reçoit aucun principe fertilisant du dehors, soit naturellement par l'irrigation, l'alluvion, le colmatage, soit par l'apport d'engrais commerciaux est fatalement vouée à un appauvrissement progressif.*

4° *Plus on fume une terre, plus on favorise la production des herbes adventices. Il importe au plus degré de ne pas laisser dévorer par les plantes parasites les engrais destinés à la récolte, en multipliant les façons culturales pour les détruire.*

Grâce à l'application des ces préceptes le département peut obtenir dans ses divers produits, comme nous l'avons vu, les augmentations suivantes :

Blé.	9.850.000 francs
Autres céréales.	650.000
Plantes sarclées.	1.000.000
Vignoble.	6.000.000
Tabac	500.000
Arbres fruitiers : noyers, pruniers, etc. .	1.000.000
Truffe..	3.000.000
Bois	1.000.000
Bétail . , ...	5.000.000
Total.	28.000.000 francs

On voit de quels progrès est susceptible notre agriculture. De pauvre, misérable qu'elle est actuellement dans la plupart des cas, donnant à peine de quoi vivre à ceux qui lui consacrent tout leur temps et toute leur peine, elle pourrait devenir une source de bien-être et de richesse. Au lieu d'assister au spectacle affligeant de populations abandonnant une terre ingrate, de champs en friche, de maisons désertes, on aurait la patriotique satisfaction de voir les cultivateurs, heureux de se sentir rémunérés de leur rude travail, s'attacher au sol natal et à une profession qui leur assurerait en même temps la liberté et l'indépendance. Nos campagnes se repeupleraient d'habitants qui, n'étant plus condamnés à toute espèce de privations, se développeraient en force et en santé, redoubleraient d'ardeur pour soigner une terre généreuse et fourniraient à la patrie des citoyens et des défenseurs plus nombreux et plus robustes. La France pourrait certainement nourrir une population double, car nous avons à côté de nous des pays, où elle est encore plus dense qu'elle ne le serait, bien qu'ils soient moins favorisés sous le rapport du sol et du climat.

C'est ainsi que tous les progrès se suivent et s'enchaînent. Un progrès matériel amène presque toujours un progrès moral, et le seul fait d'arracher à la stérilité une terre improductive, de créer un sac de blé ou un quintal de viande a les plus hautes et les plus heureuses conséquences. Ce n'est rien moins que la santé des populations améliorée, leur bien-être accru, leur aptitude au travail augmentée, leur moralité meilleure et, par suite, la grandeur et la puissance de la Patrie considérablement développées.

A défaut du stimulant des intérêts matériels, ces considérations devraient suffire pour pousser dans la voie du progrès les âmes généreuses et patriotes. Que tous ceux qui par leur fortune, leur instruction sont en état de tracer la route, de faire les premiers essais, prennent les devants et donnent l'exemple. En faisant connaître autour d'eux les moyens d'augmenter la production du sol, ils contribueront à développer l'aisance chez leurs voisins, et, s'ils ne sont pas récompensés par un intérêt pécuniaire, ils auront du moins la satisfaction la plus douce que puisse avoir l'homme de cœur, celle d'avoir travaillé à augmenter le bonheur de ses semblables.

ERRATA

Page 111, ligne 11, lire : « Tabac 2.300.000 francs » au lieu de « 9.300.000 francs ».

Page 120, ligne 29, lire : « addition au fumier » au lieu de : « addition de fumier ».

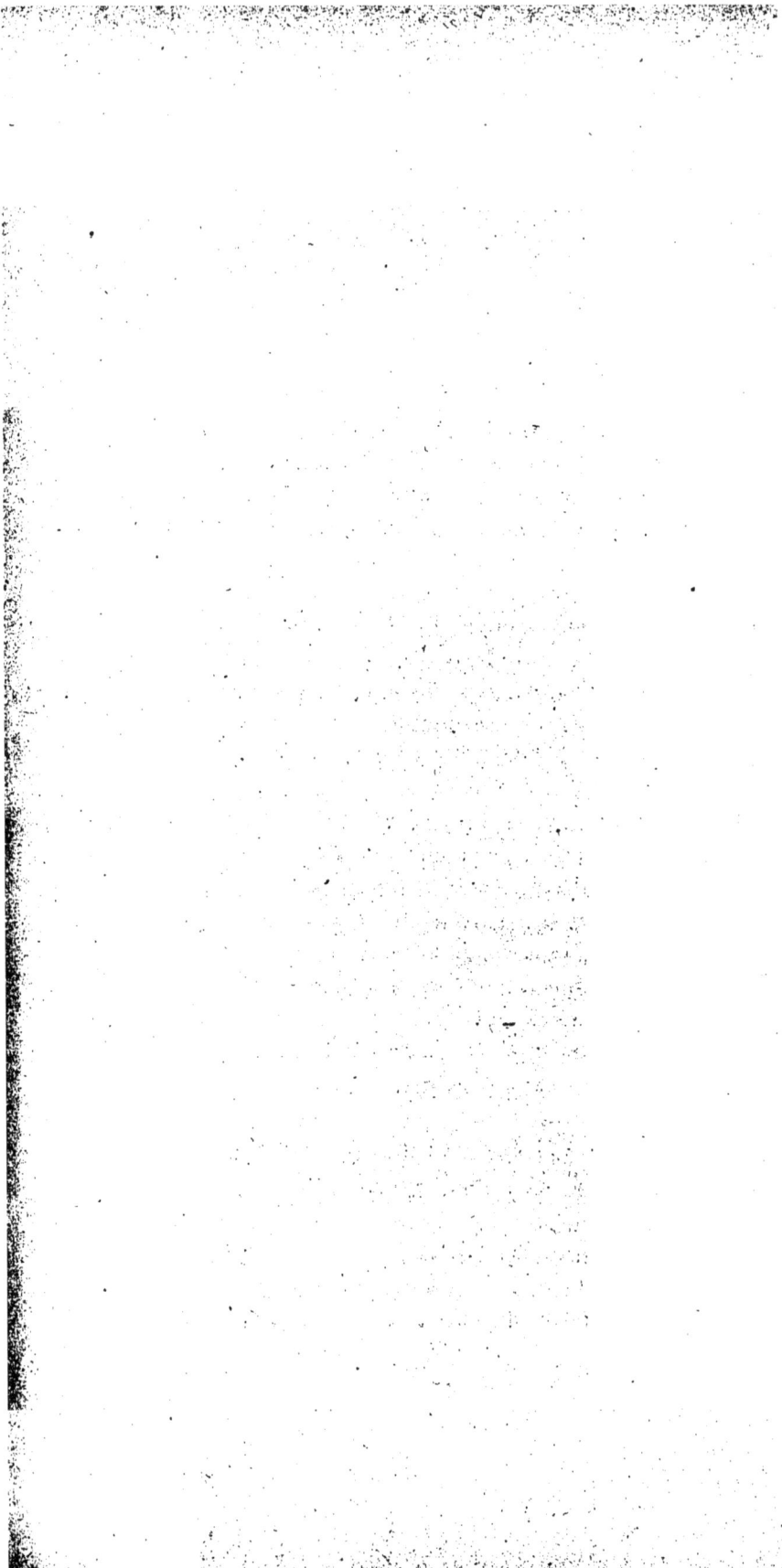

TABLE DES MATIÈRES

LIVRE PREMIER

PREMIÈRE PARTIE

SECTION PREMIÈRE

SECTION DEUXIÈME

SECTION TROISIÈME

TABLEAU A.

Analyses physico-chimiques des principales formations géologiques du département du Lot

N°	NOM des LOCALITÉS	PROPRIÉTAIRES qui ont fourni les échantillons	FORMATIONS géologiques	TERRE fine	CAILLOUX	POUR 100 PARTIES DE TERRE SÉCHÉE À 100 DEGRÉS															
						TERRE VÉGÉTALE						MATIÈRES PREMIÈRES DES RÉCOLTES									
						SABLE siliceux	ARGILE	CALCAIRE	MATIÈRE organique non décomposée	HUMUS	EAU	AZOTE	ACIDE phosphorique	POTASSE totale	CHAUX	POTASSE assimilable	MAGNÉSIE	SOUDE	SILICE	FER
1	Latronquière	Mage (Gaston)	Granitique	91.3	8.7	84.27	0.92	0.18	2.78	1.91	1.59	0.1111	0.0668	0.1275	0.100	0.0595	0.083	»	0.040	1.2088
2	Saint-Céré	Teule (Jules)	Schiste	85.4	14.6	78.30	0.60	0.45	2.83	1.11	2.02	0.6936	0.0480	0.3145	0.292	0.0006	0.655	0.03924	0.120	3.1012
3	St-Laurent-les-Tours	Lescure	Gneiss	100.0	»	60.29	30.90	2.17	2.88	0.85	1.21	0.0877	0.0040	0.4828	1.215	0.068	0.710	0.03924	0.090	5.0544
4	St-Jean-Lespinasse	Cassan	Lias	100.0	»	53.42	27.27	13.08	3.17	1.67	1.99	0.0760	0.2580	0.5096	7.824	0.0935	0.390	0.03924	0.090	5.5360
5	Autoire	De Colomb	Lias	100.0	»	57.70	35.75	1.28	2.88	0.81	1.58	0.1345	0.1628	0.4355	0.716	0.0476	0.175	0.0218	0.090	6.7900
6	Alvignac	Delfour	Lias	100.0	»	75.92	16.43	1.13	3.68	1.63	1.21	0.1298	0.1808	0.3043	0.692	0.051	0.315	»	0.090	7.5200
7	Cajarc	Andurand-Rolland	Jurassique inférieur (Vallée du Lot)	89.0	11.0	70.30	0.95	1.50	2.13	1.03	1.00	0.1170	0.2350	0.272	0.840	0.0476	0.495	»	0.200	2.8912
8	St-Denis-Martel	Lachièze (Albert)	Jurassique inférieur (Vallée de la Dordogne)	100.0	»	88.43	2.41	0.73	3.18	2.81	2.41	0.1402	0.2168	0.3293	0.108	0.068	0.425	0.03924	0.230	3.6400
9	Martel	Lachièze (Albert)	Jurassique moyen	97.2	2.8	66.13	21.91	1.95	4.08	1.70	1.37	0.1345	0.1848	0.340	1.09	0.0595	0.950	0.01744	0.120	6.0528
10	Limogne	Pradines (Georges)	Jurassique moyen	96.3	3.7	56.55	28.08	3.35	5.05	1.66	2.71	0.1989	0.3140	0.3102	1.87	0.0686	0.480	0.00426	0.070	11.7520
11	Le Montat	Dufour (Pierre)	Jurassique supérieur	89.8	10.2	57.52	21.08	5.42	2.98	1.21	2.28	0.0877	0.2570	0.5000	3.040	0.1241	0.900	0.00634	0.000	4.7424
12	Catus	Cambornac (Louis)	Jurassique supérieur	75.2	24.8	46.12	18.46	4.37	3.17	1.47	1.61	0.1606	0.1538	0.3055	2.447	0.0730	0.190	0.02834	0.050	6.4800
13	Cahors	Andurand-Rolland	Alluvion du jurassique supérieur	77.6	22.4	64.99	4.48	4.20	1.90	1.26	0.91	0.0994	0.2144	0.291	2.352	0.0046	0.175	0.0109	0.050	8.9012
14	Luzech	Larguié (Athaïde)	Alluvion du Lot	98.4	1.6	81.23	12.27	1.32	2.07	0.46	0.70	0.0994	0.2828	0.3553	0.739	0.051	0.540	0.03924	0.080	4.7008
15	Frayssinet-le-Gélat	Béral (sénateur)	terre argileux ou gris vert	95.1	4.9	88.81	1.12	0.38	2.39	2.18	0.03	0.1053	0.0788	0.419	0.312	0.034	0.110	0.03270	0.040	3.0580
16	L'Hospitalet	Dufour (Pierre)	Tertiaire moyen	100.0	»	61.28	5.60	20.22	5.13	0.30	7.47	0.1038	0.0878	0.4016	11.313	0.1325	0.440	0.02016	0.060	4.4790
17	Le Boulvé	Daymard, ingénieur	Tertiaire moyen	79.3	20.7	23.08	3.95	48.47	1.55	0.26	1.90	0.0819	0.0624	0.1955	27.143	0.1071	0.200	0.02016	0.060	13.8944
18	Frayssinet-le-Gélat	Béral, sénateur	Diluvium	84.6	15.4	78.56	1.75	0.26	2.01	0.98	1.01	0.0819	0.0954	0.0640	0.145	0.044	0.000	0.0218	0.090	1.9810
19	St-Denis-Catus	Rey, docteur	Diluvium	90.0	9.1	85.88	2.00	0.95	1.35	0.40	0.96	0.0760	0.0434	0.1088	0.140	0.0476	0.075	0.03270	0.060	1.2480
20	Le Payrac (Cahors)	Andurand-Rolland	Diluvium récent	98.9	1.0	81.28	12.27	1.32	2.07	0.46	0.70	0.0994	0.2828	0.3553	0.739	0.051	0.540	0.03924	0.080	4.7008

* Pépinières américaines départementales.

Tableau B.

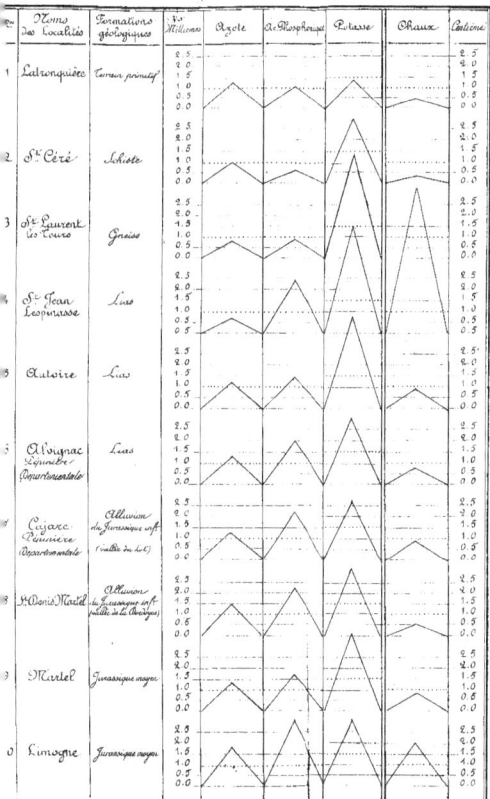

Tableau B.

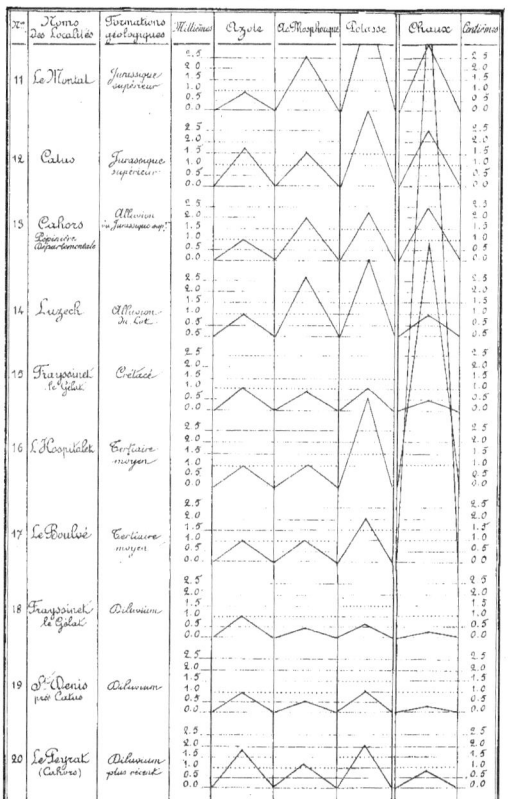

CARTE GÉOLOGIQUE DU DÉPARTEMENT DU LOT.

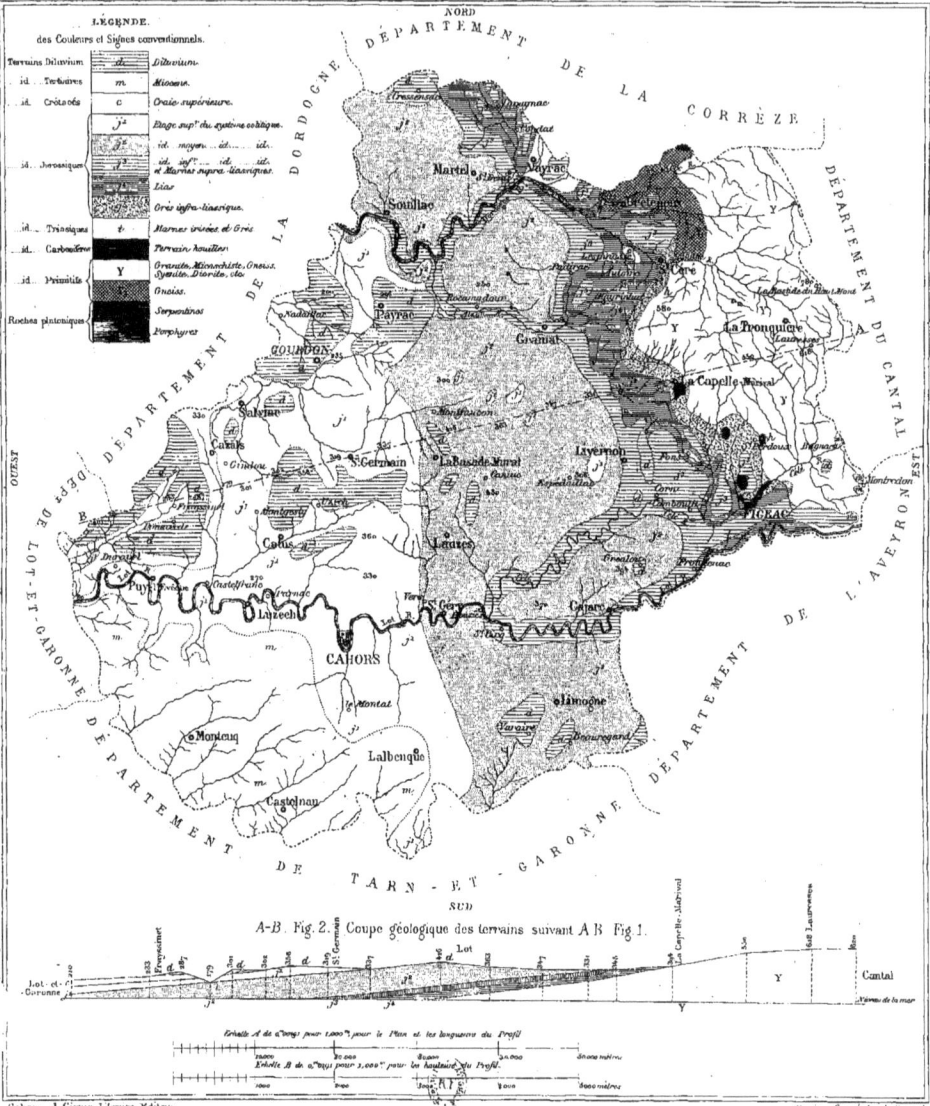

A-B. Fig. 2. Coupe géologique des terrains suivant A B Fig. 1.

Cahors _ J. Girma , Libraire -Éditeur.   Paris _ Gravé chez L. Sonnet.

www.ingramcontent.com/pod-product-compliance
Lightning Source LLC
Chambersburg PA
CBHW060545210326
41519CB00014B/3356